さまざまなヒツジの品種（1）

メリノ　Merino
代表的な毛用種で，すべての品種の中で最も細番手の羊毛を産する．現在おもにオーストラリア，南アフリカで飼われている．

コリデール　Corriedale
ニュージーランドで19世紀後半に作出された毛肉兼用種．適応力に富み世界各地で飼育される．1970年代までの日本の主力品種．

サフォーク　Suffolk
イングランド南部原産の短毛種．早熟・早肥の優秀な肉用種として世界各地に導入されている．日本で現在最も飼育頭数の多い品種．

リンカーン　Lincoln
代表的な長毛種．大型で強健・温和，光沢のある長毛を産し，コリデールやポールワースなど多くの品種の作出・改良にも貢献した．

ポールワース（ポロワス）　Polwarth
1880年オーストラリアでメリノとリンカーンを交雑して作出された中型の毛肉兼用種．繊細で長い羊毛と良質の羊肉を生産する．

ニュージーランド・ロムニー　N. Z. Romney
現在ニュージーランドで最も多く飼育されている毛肉兼用種．早熟で肉質良く，羊毛は太番手でおもにカーペット用．

（写真提供：① ザ・ウールマーク・カンパニー，②〜⑥ 本出ますみ）

さまざまなヒツジの品種 (2)

ドライスデール Drysdale
ニュージーランドでカーペット用羊毛の生産を主眼として作出されたが、肉用としての評価も高い。羊毛繊維は中空で毛髄質を有する。

チェビオット Cheviot
イギリスの山岳種。強健で繁殖性にすぐれる。羊毛をツイードの原料として利用するほか、交雑種生産にも用いられる。

ウェリッシュ・マウンテン Welsh Mountain
イギリスの山岳種で、ウェールズの山地で飼育されてきた。ケンプ混じりの弾力のある羊毛を産する。

シェットランド Shetland
イギリス・シェットランド諸島原産の古い在来種。きわめて粗放な飼養管理に耐え、多様な毛色の羊毛を生産。肉質の評価も高い。

ウェンズリーデール Wensleydale
30 cm 近くの美しい光沢のある長毛を生産する品種で、19世紀イギリスで作出された。Minor Breeds.

ハードウィック Herdwick
イングランド北西部の湖水地方で飼われてきた強健な在来種。ピーターラビットの著者ポターが保護・飼育に注力したことでも知られる。

(写真提供：⑦ ザ・ウールマーク・カンパニー，⑧⑨⑪⑫ 英国羊毛公社，⑩ 本出ますみ)

さまざまな品種の羊毛とその性質　(p. 135 表9.1 参照)

羊肉・羊乳の利用（さまざまな羊肉料理，チーズ）

① ジンギスカン
② もも肉のロースト
③ ラムラックのオーブン焼き
④ すね肉の煮込み
⑤ 羊肉のスープ
⑥ 羊肉のソーセージ
⑦ 羊乳のチーズ（上中央から時計回りにロックフォール（フランス），ペコリーノ・ロマーノ（イタリア），フェタ（ギリシャ），マンチェゴ（スペイン））

（写真提供：① Shutterstock，②〜⑥ 河野博英）

シリーズ〈家畜の科学〉
5

ヒツジの科学

田中智夫
【編集】

朝倉書店

編集者

田 中 智 夫　麻布大学 獣医学部

執筆者 (執筆順)

羽 鳥 和 吉　畜産技術協会　(1章, 10.4節)
河 野 博 英　家畜改良センター　(2章, 4章, 7章, 8.1～8.3節, 8.5節)
田 中 智 夫　麻布大学 獣医学部　(3章, 8.6節, 9.1～9.2節, 9.4節)
一 戸 俊 義　島根大学 生物資源科学部　(5章)
塩 谷　　繁　農研機構 九州沖縄農業研究センター　(6章)
山 内 和 律　北海道立総合研究機構　(8.4節, 10.1～10.3節, 10.5節)
本 出 ますみ　SPINNUTS　(9.3節)
白 戸 綾 子　家畜改良センター　(11章)
安 江　　健　茨城大学 農学部　(12章)

序

　ヒツジ（羊）を部首とする漢字は，JIS 規格外のものを含めると 122 字あるという．たとえば「群」という字は，ヒツジが群れるところから来ているといわれている．ほかには，大きいと羊を組み合わせると「美」，羊を食べることは「養」のように，ヒツジを部首とする字には，好ましいことを意味するものが多い．「義」，「善」，「鮮」，「翔」なども同様に，良い意味をもつ字といえよう．

　ヒツジの家畜化はウシよりも早く，ヤギとほぼ同じ約 1 万年前頃と考えられている．ヒツジのおもな用途は，肉と毛であるが，皮や毛皮ももちろん活用されるほか，乳用種として改良されてきた品種もある．また，内臓も例えば腸はソーセージのケーシングとして食されている一方で，腸がもつ弾力性を生かしてハープの弦やテニスラケットのガットにも用いられている．さらには，糞も堆肥として重宝されており，特に花卉栽培などに適している．

　これらのような生産物の利用にとどまらず，ヒツジは草食家畜のなかでもとりわけ草の利用性が高いという特徴をもつことから，耕作放棄地や河川敷，あるいは下草の繁茂した果樹園などにおける「生きた草刈り機」としての利用にも適している．また比較的おとなしく扱いやすいことから，ふれあい動物として，あるいはアニマルセラピーにも用いられている．

　このように，ヒツジはヒトが利用できない草類を餌としながら，非常に多様な価値を生み出してくれており，数ある家畜のなかでも特筆すべき有用な特徴をもつといっても過言ではない．加えて，ヒツジは環境適応性に優れ，広範囲な気候条件のもとで飼うことができる．さらには，ヒツジの生産物を宗教上の理由から忌避する，という地域はほとんどないといわれている．したがって，高地から低地まで，あるいは暑いところから寒いところまで，世界の各地でヒツジが飼われている．家畜としてその総頭数は 10 億頭を超えており，全地球平均で人間 7 人あたり 1 頭以上のヒツジがいる計算になる．この割合をわが国の人口に当てはめてみると，約 2000 万頭が飼われていてもおかしくないこ

とになる．しかしながら，残念なことに，現在わが国には2万頭程度しか飼われておらず，主要なヒツジ生産国に行けば1軒の牧場がそれ以上の頭数を飼育している例も少なくない．

　上述の通り，国内ではヒツジそのものが少ないので，そのヒツジを専門とする研究者もきわめて少数派である．したがって，他の家畜を専門とするかたわらヒツジも対象としているという研究者も含めて，また特に羊毛利用の部分においては実際に手がけておられる方にもお手伝いいただき，多くの執筆者の手によってようやく本書ができあがった次第である．本書の構成は，ヒツジの起源から始め，世界のヒツジ飼育の現状，ヒツジのもつ特徴，そして育種・繁殖・栄養・管理といった家畜生産上の4本柱から，生産物の利用や疾病，あるいは多面的利用などのことまで，およそ必要な項目は網羅されている．このように本書は，畜産・獣医系の学生の教科書として，あるいは研究者や技術者の参考書としてだけでなく，ヒツジに興味をもつ一般の方々にも手にとっていただけるように心がけたつもりである．しかし，字数その他の制約などから章によってはやや情報不足というところがあるかもしれない．その点は，ひとえに編者の責任であり，ご容赦願う次第である．

　未年である2015年に本書を刊行できるのは，単なる偶然かも知れないが，偶然を必然に変えるくらいに，ヒツジを見直す気運が高まってくれれば望外の喜びである．最後に，本書の出版にあたってご尽力いただいた朝倉書店編集部の各位に心から感謝の意を捧げる．

2015年2月

田　中　智　夫

目 次

1. ヒツジの起源と改良の歴史 ………………………………[羽鳥和吉]…1
   1.1 ヒツジの起源 ……………………………………………………… 1
       1.1.1 野生羊と生息地 …………………………………………… 1
       1.1.2 家畜羊の先祖 ……………………………………………… 1
   1.2 家畜羊の出現 ……………………………………………………… 2
   1.3 ヒツジの品種と文化 ……………………………………………… 2
       1.3.1 家畜羊育成の手法 ………………………………………… 2
       1.3.2 改良の方向 ………………………………………………… 3
       1.3.3 ヒツジの分類 ……………………………………………… 3
       1.3.4 ヒツジの品種 ……………………………………………… 5
       1.3.5 ヒツジと文化 ……………………………………………… 14

2. 世界と日本のヒツジの生産 ………………………………[河野博英]…18
   2.1 主要生産国のヒツジ生産 ………………………………………… 18
       2.1.1 世界のヒツジ頭数 ………………………………………… 18
       2.1.2 ヒツジの生産物とその動向 ……………………………… 20
   2.2 日本のヒツジ生産 ………………………………………………… 23
       2.2.1 ヒツジ飼育の歴史と品種の変遷 ………………………… 23
       2.2.2 現在のヒツジ生産 ………………………………………… 26

3. ヒツジの特徴 ………………………………………………[田中智夫]…30
   3.1 種としての特徴 …………………………………………………… 30
   3.2 生理的特徴 ………………………………………………………… 31
   3.3 形態的特徴 ………………………………………………………… 33

 3.4 行 動 特 性 ··· 35
 3.5 繁 殖 特 性 ··· 37

4. ヒツジの管理 ·· ［河野博英］···39
 4.1 環 境 管 理 ··· 39
  4.1.1 家畜を取り巻く環境 ·· 39
  4.1.2 環境の制御 ··· 40
 4.2 舎飼いと放牧 ··· 41
  4.2.1 舎飼い ·· 41
  4.2.2 放　牧 ·· 48
 4.3 一般管理と特殊管理 ·· 53
  4.3.1 一般管理 ··· 53
  4.3.2 特殊管理 ··· 57
 4.4 年間飼育カレンダー ·· 58
  4.4.1 年間の管理 ··· 58
  4.4.2 管理の留意点 ·· 58

5. ヒツジの栄養 ·· ［一戸俊義］···61
 5.1 体 成 分 ··· 61
 5.2 消化と吸収，代謝 ·· 62
 5.3 養分要求量と飼養標準 ··· 64
  5.3.1 エネルギー要求量 ··· 65
  5.3.2 タンパク質要求量 ··· 68
  5.3.3 付　表 ·· 70

6. ヒツジの飼料 ·· ［塩谷　繁］···73
 6.1 飼料の種類 ··· 73
  6.1.1 粗飼料 ·· 73
  6.1.2 濃厚飼料 ··· 80
  6.1.3 エコフィード，地域未利用資源 ······························· 81
 6.2 飼料の調製・加工・貯蔵・給与 ···································· 81

  6.2.1　放　牧 …………………………………………………… 81
  6.2.2　乾　草 …………………………………………………… 82
  6.2.3　サイレージ ………………………………………………… 82
  6.2.4　TMR，発酵 TMR ………………………………………… 83
 6.3　飼料の評価 ………………………………………………………… 83
 6.4　飼料の安全性 ……………………………………………………… 84
  6.4.1　飼料成分の変動とモニタリング ………………………… 84
  6.4.2　飼料由来の有毒物質 ……………………………………… 84

7. ヒツジの繁殖 ……………………………………………[河野博英]… 86
 7.1　雌の繁殖 …………………………………………………………… 86
  7.1.1　雌の生殖器 ………………………………………………… 86
  7.1.2　繁殖季節 …………………………………………………… 88
  7.1.3　性成熟 ……………………………………………………… 89
  7.1.4　性周期 ……………………………………………………… 90
  7.1.5　受精と妊娠 ………………………………………………… 92
  7.1.6　分　娩 ……………………………………………………… 93
 7.2　雄の繁殖 …………………………………………………………… 93
  7.2.1　雄の生殖器 ………………………………………………… 93
  7.2.2　精子の構造 ………………………………………………… 96
  7.2.3　精子の受精能獲得と先体反応 …………………………… 96
 7.3　最新技術 …………………………………………………………… 97
  7.3.1　発情の同期化と季節外繁殖 ……………………………… 97
  7.3.2　人工授精 …………………………………………………… 99

8. 肉・乳生産 ………………………………………………………………107
 8.1　羊肉の成分 ………………………………………………[河野博英]…107
  8.1.1　一般成分 ……………………………………………………107
  8.1.2　タンパク質 …………………………………………………108
  8.1.3　脂　質 ………………………………………………………109
  8.1.4　ミネラルとビタミン ………………………………………110

    8.2 ヒツジの産肉生理 ………………………………………[河野博英]… 111
    8.3 羊肉の特徴 ………………………………………………[河野博英]… 113
        8.3.1 羊肉の種類とその特徴 ……………………………………… 113
        8.3.2 栄養素からみた羊肉の特徴 ………………………………… 113
    8.4 ラム肉の生産 ……………………………………………[山内和律]… 115
        8.4.1 ラム肉の定義と種類 ………………………………………… 115
        8.4.2 わが国のラム肉生産 ………………………………………… 116
        8.4.3 ラム肉生産の実際 …………………………………………… 116
    8.5 羊肉の加工 ………………………………………………[河野博英]… 118
        8.5.1 肉の熟成と枝肉の分割 ……………………………………… 118
        8.5.2 羊肉の調理 …………………………………………………… 119
    8.6 羊乳の特徴と加工 ………………………………………[田中智夫]… 124

9. 毛・皮生産 ………………………………………………………………… 125
    9.1 羊毛の構造 ………………………………………………[田中智夫]… 125
    9.2 ヒツジの産毛生理 ………………………………………[田中智夫]… 126
    9.3 羊毛の利用と加工 ………………………………………[本出ますみ]… 127
        9.3.1 日本における羊毛利用の歴史 ……………………………… 127
        9.3.2 羊毛の特徴 …………………………………………………… 128
        9.3.3 羊毛の分類 …………………………………………………… 132
        9.3.4 羊毛の加工―編み，織り，フェルト― …………………… 134
        9.3.5 日本のヒツジと羊毛 ………………………………………… 137
    9.4 皮・毛皮の利用 …………………………………………[田中智夫]… 138

10. ヒツジの遺伝と育種・改良 ……………………………………………… 140
    10.1 遺伝と育種の基本事項 …………………………………[山内和律]… 140
        10.1.1 家畜育種の発達 …………………………………………… 140
        10.1.2 量的形質と遺伝率，遺伝相関 …………………………… 141
        10.1.3 育種価 ……………………………………………………… 142
        10.1.4 群による育種価の種類 …………………………………… 144
        10.1.5 近交の影響 ………………………………………………… 145

10.2 ヒツジの育種対象形質と選抜の考え方 ……………［山内和律］… 146
10.2.1 繁殖性関係 …………………………………… 146
10.2.2 産毛性関係 …………………………………… 147
10.2.3 産肉性関係 …………………………………… 148
10.2.4 抗病性関係 …………………………………… 148
10.2.5 泌乳性関係 …………………………………… 148
10.3 わが国におけるヒツジの育種・改良 ……………［山内和律］… 149
10.3.1 日本コリデール種時代 ……………………… 149
10.3.2 雑種利用によるラム肉生産の取り組み …… 149
10.3.3 サフォークの導入と改良 …………………… 149
10.4 登録と登録審査 ……………………………………［羽鳥和吉］… 150
10.4.1 日本めん羊登録規程 ………………………… 150
10.4.2 登録の申し込み ……………………………… 152
10.4.3 ヒツジの体尺 ………………………………… 152
10.4.4 ヒツジの体型と体格審査 …………………… 153
10.4.5 審査委員 ……………………………………… 156
10.5 各国の育種価評価 …………………………………［山内和律］… 156
10.5.1 ニュージーランド …………………………… 156
10.5.2 オーストラリア ……………………………… 156
10.5.3 アメリカ合衆国 ……………………………… 158
10.5.4 イギリス ……………………………………… 158

11. ヒツジの疾病と衛生 ……………………………………［白戸綾子］… 161
11.1 健康管理と疾病 …………………………………………………… 161
11.1.1 ヒツジを病気にしないために ……………… 161
11.1.2 ヒツジがかかりやすい病気 ………………… 161
11.2 家畜伝染病への備え ……………………………………………… 167
11.2.1 口蹄疫 ………………………………………… 167
11.2.2 スクレイピー（伝達性海綿状脳症）……… 168
11.2.3 ヨーネ病 ……………………………………… 168
11.2.4 マエディ・ビスナ（進行性肺炎）………… 168

11.2.5　破傷風 ……………………………………………………… 169
　　11.2.6　アカバネ病 …………………………………………………… 169
　　11.2.7　オルフ（伝染性膿疱性皮膚炎）…………………………… 169
　　11.2.8　ブルータング ………………………………………………… 169

12.　ヒツジの多面的利用 ………………………………［安江　健］… 170
　12.2　耕作放棄地における植生管理 ……………………………………… 170
　12.3　学校教育とアニマルセラピー ……………………………………… 173
　　12.3.1　AAEとアニマルセラピーにおける動物の効果 …………… 174
　　12.3.2　農用家畜の活用事例と今後の展開方向 …………………… 176

索　　引 ……………………………………………………………………… 183

1. ヒツジの起源と改良の歴史

1.1 ヒツジの起源

1.1.1 野生羊と生息地

　野生羊は防寒のために生じた分厚い毛に被われており，一見して寒冷地に適応したものとわかる．また，蹄は2つに分かれており，岩石などに覆われた急峻な岩場でも容易に行動できる特性を有する．このことから，元来，草食動物である野生羊は餌（以下「飼料」）の豊富な平地に生息していたにもかかわらず肉食獣など天敵に圧迫されて，より安全な高地で岩場の多い山岳地域を生息の場としたと考えられる．地図上で生息地を見ると，北緯30～45°，標高3000 m程度の地域である（p.30 図3.1参照）．これらの地域は，年間を通じて日照時間が大きく変化し，厳しい寒さと飼料となる草木が不足する冬を伴う，変化の激しい四季のある地域である．加えて，極言すれば1日の中にも春，夏，秋，冬の四季がある厳しい地域でもある．

　現在まで地球上に生息している野生羊は，亜種を加えると40種以上といわれている．そのうちおもな種としては，①トルキスタン，イラン高原，ヒンドゥ・クシ山脈，テンシャン山脈，クンルン山脈，ヒマラヤ山脈，アフガニスタン，パキスタンなどを含む中央アジア高原に生息するアルガリ，ユリアル，アジアムフロン，バッハラ，②ヨーロッパ南部に生息する山岳種のヨーロッパムフロン，③北アフリカ西部の山脈に生息するバーバリーシープ，④アラスカからメキシコの山岳にかけて生息するビッグホーンなどが挙げられる．

1.1.2 家畜羊の先祖

　ヒツジはヤギとともに，家畜のなかでは野生羊から最も早い，約1万年前

に家畜化された反芻動物である．その地域は，野生羊の種類と生息数の多い西アジア，または，中央アジア高原地域と考えられている．なお，アメリカ大陸に生息するビッグホーンは，家畜羊の原種とは考えられていない．

現在世界で飼育されているヒツジの種類は，地域の土着（在来）羊とそれらの交雑種を合わせると 1000 種以上ともいわれているが，代表的なものは 200 種程度である．これら家畜羊の先祖がどの野生羊であるかについては諸説あるが，一般的にはアルガリ，ユリアル，アルカール，ムフロンなどが先祖と考えられ，なかでもユリアルを先祖とする説が有力である．

1.2　家畜羊の出現

古代のヒトは，長い間狩猟や漁撈によって動物性の食糧を確保し，また，木の実や草本類を採取することによって植物性の食糧としてきた．やがて，野生羊を狩る活動のなかで，妊娠中の雌や子連れを生け捕りにし，飼料を与えることで飼育と搾乳，さらには繁殖の技術を習得したものと考えられる．その結果，現代の家畜羊へと進化した．

家畜羊を理解するために「家畜」とは何かを考えたとき，家畜とは，その動物の生命と生殖がヒトの管理のもとにある動物のことをいい，その動物の生殖・増殖の管理を通して，ヒトの欲求に沿うように世代をつなぎ，連続的に飼育されている動物であるといえる．

なお，ヒトが野生動物を家畜化しようとするとき，その動物がもつ固有の特質が，ヒトが求めるものと一致することが大切であった．そして，その動物がヒトになつきやすい性質であること，群れで行動する習性があること，食性は草木食か雑食性でヒトと競合せずに有用物（乳，肉，毛，皮，毛皮，労役など）を提供できることなどの条件を具備していることが必要であった．

1.3　ヒツジの品種と文化

1.3.1　家畜羊育成の手法

ヒツジの体から羊毛が刈り採られるようになったのは，紀元前 3000 年頃の，メソポタミヤのシュメール文化の頃といわれ，それまでは春に灌木の枝先など

に引っかかったものや自然に脱落した毛を拾い集めて利用したり，毛皮をそのまま体にまとっていた．

やがて，家畜化が進むにつれ羊毛が広く利用されるようになると，さらに柔らかく長い毛が多く採れることを求めるようになり，飼育する群れのなかからそのような特質を有する個体を選抜して増殖するようになった．加えて，脱落したものを拾い集めるのは収率・効率が悪いので，一気に集毛できるように脱毛しにくい特質を求めるようになり，その特質を有する個体を継代するうちに，通常は毛が脱落（換毛）しなくなった．このことは，毛長や毛の太さについても同じことで，経験則のなかでの育種・改良であった．

1.3.2　改良の方向

「衣食住」すべてを提供してくれるのがヒツジである．衣は羊毛・毛皮・皮革，食は肉・脂・乳，住は毛皮・皮革・骨である．

食糧の入手が容易になるとヒトの集団は必然的に大きくなり，より多くの「衣食住」が必要となる．このような状況下ではより効率的に入手することが大切となり，その対策の1つとして，ヒツジの飼育頭数を増やしていくことが求められるとともに，それぞれ目的とする生産物の生産能力が大きくなることに期待する．すなわち，能力の高い個体を選んで残し（選抜），それらを交配・繁殖に用い，そうでないものは屠ること（淘汰）により，食料や羊毛など有用物の入手に供する．この選抜と淘汰を繰り返すことで，気候や飼料となる草木の状況（飼育環境）に順応する「環境適応性」，毛長や毛の太さを含む「産毛性」，成長の早さや肉の歩留まりなどの「産肉性」，多産性や子育て能力を合わせた「繁殖性」，泌乳量が多く泌乳期の長い「産乳性」，病気や寄生虫に強い「強健性」，飼料の少ない季節には枯草や草木の根，樹木の樹皮，海岸においては海藻や魚介類なども採食する「飼料の利用性」などの改善，増長などが改良の方向となる．

1.3.3　ヒツジの分類

約1万年もの長きにわたって飼育されてきた家畜羊のヒツジは，現在地球上のきわめて広い地域に飼育されている．北半球でみた場合，赤道からスカンジナビア半島の北緯66°33′の北極圏に，また，高さにおいては標高3000 m

以上の高地にも適応するなど，環境条件が大きく異なる非常に広い地域に飼育されている．また，動物分類学上はヤギと非常に近く，ヤギと見まごうものが存在するばかりでなく，相互の交配雑種育成が可能な近縁のものも存在する（角田，2011）．

ヒツジとヤギの属する動物学上の位置は次のとおりである．

　　　門　　脊索動物門　Chordata（脊椎動物亜門　Vertebrata）
　　　綱　　哺乳動物綱　Mammalia
　　　目　　鯨偶蹄目　Cetartiodactyla
　　　科　　ウシ科　Bovidae
　　　属　　ヒツジ属　*Ovis*
　　　種　　ヒツジ　*aries*

家畜羊のなかには，改良が進んでおらずほとんど野生羊に近い，いわゆる在来種（未改良種）と，羊毛・羊肉・羊乳・羊毛皮などの生産に適するよう改良され，羊毛の質（毛の太さ，長さ，色等），産肉量，泌乳量，保温性および毛色の違いなどを際立たせた改良種がある．

a. 羊毛による分類

大きくは，クリンプ（波状捲縮）[1]のあるウール[2]タイプ（緬毛種）と，クリンプのないヘアータイプ（直毛・粗毛種）とに分けられる．また，毛長により，年間 30 cm も伸びるレスター，リンカーンなどの長毛種と，年間の伸びが 5〜10 cm 程度の短毛種とに分けられる．さらに，羊毛繊維の太さ（繊度[3]）を番手（'s（セカント））[4]，または直径（μ（マイクロン））[5] で分類し，細番手（58〜120 's＝26〜14 μ），中番手（50〜58 - 's＝33〜26 - μ），太番手（38〜50 's＝46〜33 - μ）と分ける方法もある（本出，2000）．

---

[1] クリンプ（crimp）：羊毛繊維独特の波状捲縮をいう．
[2] ウール（wool，緬毛）：狭義には，ヒツジから採取されたクリンプのある毛を指す．
[3] 繊度（fineness）：羊毛繊維の太さ，細さのことをいい，番手（単位 's）または繊維直径（単位 μ）で表す．
[4] 番手（count）：1 ポンド（約 453.6 g）の羊毛から 560 ヤード（約 512 m）の糸が紡出される場合，この繊維の太さを 1 番手（1 's）と表す．倍の 1120 ヤード紡出できる繊維は 2 番手（2 's）となり，数値が大きいほど細い繊維であることを表す．なお，英・豪・ニュージーランドでは「'」をつけずたんに「s」と表記されることが多い．
[5] μ：羊毛繊維の太さを表すのに慣用的に用いられる単位．1 μ＝0.001 mm（SI 単位の μm の大きさと等しい）．

b. 産地と地勢による分類

育成された品種は，飼育環境の違いからそれぞれに特徴を有し，生産国（地）により呼称が異なる．大きくはヨーロッパ種（イギリス種，フランス種，ドイツ種，オランダ種，フィンランド種など），アジア種（中東種，インド・パキスタン種，中国種，蒙古種など），アフリカ種，アメリカ種（北アメリカ種，南アメリカ種など），さらに，イギリスの品種を主体に改良したオーストラリア種，ニュージーランド種などと分類する．また，国内種に対し外国種という分類をすることもある．なお，多様な環境条件下にあるイギリスでは，変化に豊んだ多様な品種（希少種）が多数維持・飼育されており，これらもイギリス種に含める．さらに，きわめて広範囲で多様な環境条件を有するアジアでは，未改良種・改良種を含めて非常に多くの品種が飼育されている．

また，同地域であっても，標高の違いや乾燥地か多湿地かなど飼育環境により，その地に適するヒツジに改良されてきた．品種の多様なイギリスでは，低地種，高地種，丘陵種，さらに地勢により，山岳種，草原種，低湿種，島嶼種などに分類する．

c. 用途による分類と特徴

用途によるおもな品種の分類および特徴を表1.1にまとめた．各々の説明は次項に譲る．

d. その他の分類

このほか，脂肪の蓄積部位によって脂尾羊（しび）や脂臀羊（しでん）に，さらに尾の形により，短尾種，長尾種，無尾種，広尾種，細尾種と分類するほか，角の形や角の有無，肢の長さ，耳の形や長さ，立ち具合など外貌で分類する方法もある．

1.3.4 ヒツジの品種

ヒツジが品種として成立するときに，改良の方向により具備しなければならない形質がある．前述のとおり環境への適応性の高いヒツジは，熱帯圏から北極圏，さらには湿潤地域から乾燥地域，低地から高地にと広範囲の環境下に飼育されている．品種のもととなる形質の1つは，緯度の違いによって形成される．すなわち，飼育されている環境に適応することで獲得した形質で，そのなかには，高緯度になるほど強くなる季節繁殖性，早熟性，産毛性，耐寒性などがある．もう1つは，ヒトの求める形質を伸ばすことによって獲得した形

表 1.1 用途による品種の分類とその特徴

用途	品種名	原産地	毛の太さ('s)	毛量(kg)	毛長(cm)	体重(kg)	産乳量(kg)	備考
毛用種	スパニッシュ・メリノ	スペイン	50～70	♂ 2.5 ♀ 6.0	4～10	♂30～55 ♀28～55		
	アメリカン・メリノ	アメリカ	50～70					タイプにより差あり
	オーストラリアン・メリノ	オーストラリア	58～60	♂ 7.5 ♀ 4.0	10	♂60～70 ♀35～70		太番手型
	ランブイエ・メリノ	フランス	64～70	♂10.0 ♀ 6.0		♂100～115 ♀75～80		タイプにより差あり
	寒羊	中国	50～60	♂ 4.0 ♀ 2.5	12	♂50～70 ♀40～50	3.5	良質羊毛
毛肉兼用種	ポール・ドーセット	アメリカ	50～58	4.0	7.5～10.0	♂80～93 ♀60～70		雌雄共無角
	コリデール	ニュージーランド	54～58	♂ 8.8 ♀ 5.0	10～15	♂80～125 ♀60～80		
	ペレンデール	ニュージーランド	50～58	♂ 5.0 ♀ 3.5	10～15	♂52 ♀40		雌雄共無角
	ポールワース	オーストラリア	50～60	♂ 6.5 ♀ 4.0	10	♂55～80 ♀50～55		雌雄共無角
	テクセル	オランダ	46～50	5.0	7.5～12.5	♂120 ♀85		雌雄共無角
	フィニッシュ・ランドレース	フィンランド	52～54	2.6	7.5～15.0	♂50 ♀42	140～230	雌雄共無角
肉用種 (短毛種)	サウスダウン	イギリス	58～60	♂ 4.3 ♀ 3.0	5～8	♂80～100 ♀55～70		雌雄共無角
	サフォーク	イギリス	52～58	♂ 3.6 ♀ 3.0	8～10	♂80～95 ♀65～75		日本の主要飼育品種
	シュロップシャー	イギリス	54～56	♂ 4.5 ♀ 5.5	8.5～12.5	♂80～95 ♀60～68		雌雄共無角
	ライランド	イギリス	50～56	♂ 8.0 ♀ 5.0	7～10	♂100 ♀70		雌雄共無角
	ドーセット・ダウン	イギリス	54～58	3.0	10～13	♂95 ♀70		雌雄共無角
	ドーセット・ホーン	イギリス	54～58	6.0	8～10	♂120 ♀85		雌雄共有角
	テクセル	オランダ	46～50	♂ 6.0 ♀ 4.5		♂120 ♀85		雌雄共無角
	蒙古羊	中国	37～64	3.0	7	♂47～70 ♀32～50	30	三用途種
	ドーパー	南アフリカ				♂100 ♀75		短毛ヘアー

(つづく)

表1.1 （つづき）

用途	品種名	原産地	毛の太さ('s)	毛量(kg)	毛長(cm)	体重(kg)	産乳量(kg)	備考
肉用種	（長毛種）							
	リンカーン	イギリス	36～44	♂8.0 ♀5.5	30	♂120～150 ♀80～110		さざ波状の羊毛
	レスター	イギリス	40～46	♂7.0 ♀5.5	30	♂110 ♀90		絹糸様の光沢あり
	ロムニー・マーシュ	イギリス	46～52	♂5.0 ♀4.0	20	♂100 ♀85		絹糸様の光沢あり
	（高地種）							
	チェビオット	イギリス	48～56	♂3.3	10～12	♂80～90 ♀55～70		雌雄共無角
	スコティッシュ・ブラックフェイス	イギリス	28～40	♂2.5	20～30	♂60～70 ♀55～60		雌雄共有角
	シェットランド	イギリス	58～64	♂1.5	5～12	♂85 ♀60		雄有角
乳用種	ブリテッシュ・フライスランド	イギリス	52～54	♂5.0	10～15		200～300	飲用，チーズ
	イースト・フリージャン	ドイツ	46～54	♂5.5	12～16	♂100～120 ♀75～85	500～600	チーズ，雌雄共無角
	バスク・バーン	フランス	38～48	♂2.5 ♀11.7		♂60～80 ♀50～60	90～120	ロックフォールチーズ
	ラコーヌ	フランス		♂2.5 ♀1.5		♂80～95 ♀65～75	260	ロックフォールチーズ
	マンチェガ	スペイン	56～58	♂3.8 ♀2.0		♂60～110 ♀46～70	52～124	雌雄共無角
	アワシ	中近東	36～46	♂2.5 ♀1.8	17	♂60～90 ♀30～50	180～280	チーズ，雄有角
毛皮用種	ロマノフ	ロシア	48～56	2.0	11	♂50 ♀42	140～230	毛皮用(乳用)
	カラクール	ロシア	48～56			♂80～90 ♀70～80		毛皮用
その他	マンクス・ロフタン[*1]	イギリス	44～54	1.8	7～10	♂58 ♀39		カラード，多角
	バルバドス・ブラックベリー[*2]	バルバドス			2.5	♂50～90 ♀40～60		有色，短毛

[*1]：イギリスの希少品種，日本で飼育中．
[*2]：熱帯肉用種．1985年台湾より(社)日本緬羊協会経由で雌雄各2頭が茨城大学に寄贈され増殖された．

質で，品質，歩留まりなど産肉・産毛の生産性，品質・日増体能力などのほか，産肉性，繁殖性，産乳性，飼料の利用性などである．

a. 毛用種

メリノは毛用種を代表する品種で，そのもとはローマ時代にローマで作出さ

れた毛が白くて光沢をもつヒツジであった．その後スペインに渡りスパニッシュ・メリノ，フランスでランブイエ・メリノ，南アフリカでケープ・メリノになり，その後，アメリカン・メリノ，オーストラリアン・メリノなどがそれぞれ作出された．皮膚はひだが多く，細番手を産するため，単位面積あたりの毛数が多く毛の密度は 68's（24μ）の場合に 5000〜8000 本/$1\,cm^2$ といわれる（本出，2001）．

わが国には，良質な羊毛生産を目指して明治以降各国から数次にわたり導入され，増殖を図ったが，飼育技術の未熟さや疾病，気候風土に適さないことなどにより計画は失敗した．

（1） スパニッシュ・メリノ（Spanish Merino）

ローマ帝国のスペイン支配時に持ち込まれ，土着羊（在来種）と交配された毛用種．品種成立後は長く国外への持ち出しが禁じられていたが，18 世紀中頃から各国に寄贈・輸出され毛用種改良に貢献し，多くの毛用種，特に現在のメリノ種の基礎となった．

体格は小型で，雄は螺旋状湾曲の有角であるが雌は無角．体重は雄 30〜55 kg，雌 28〜55 kg，毛長は 4〜10 cm，太さは 50〜70's，毛量は雄 2.5〜6 kg，雌 2〜4 kg．

（2） オーストラリアン・メリノ（Australian Merino）

オーストラリアには 1788 年に初めてヒツジが持ち込まれた．本品種はイギリス，南アフリカ，フランス，ドイツ，アメリカから導入されたメリノと交配され作出された．

1907 年以降は純粋繁殖を続け，多くの系統が作出された結果，体格・体型・皮膚のひだ・毛質などの特徴から，細番手（fine type），中番手（medium type），太番手（strong type）の 3 つに分けられている．

体重は太番手種で雄 60〜70 kg，雌 35〜70 kg．強健で環境適応性が良く飼料利用性が高い．1918（大正 7）年以降しばしばわが国に導入された．

・細番手型（58〜120's）： サクソン系のオーストラリア南部，タスマニア島，ニューサウスウェールズなどで飼育されるタスマニアン・メリノに代表される．羊毛は繊細で白く光沢があり 70's 以上．最も高品質で取引価格が高い．体格は小型でひだが多い．毛長は 7〜9 cm，毛の太さは 70's 以上．

・中番手型（50〜58-'s）： 西オーストラリア州などの広大な牧場で多頭飼

育されている．体格は中型で，太さは中間．毛長は 9 cm 程度でオーストラリア羊毛の 70% を占める．

・太番手型（38～50 - 's）：　クインズランド州などで多く飼育されている．大型でひだは少ない．毛長は 10 cm 程度で強靱．毛の太さ 58～60 's．産毛量は雄 7.5 kg，雌 4 kg．

b.　肉用種

（1）　サウスダウン（Southdown）

原産地はイングランド東南部サセックス州のサウスダウン丘陵地帯で，小型の在来種サセックスを選抜・淘汰して作出された．その後のダウン系種[6]の基礎となった肉用種である．雄雌とも無角で被毛は短い羊毛で全体が被われ，丸く感じる顔面，耳，四肢は灰色から濃褐色である．羊毛は緻密で品質良好，毛長は 5～8 cm，毛の太さは 58～60 's，毛量は雄 3.2～5.4 kg，雌 2.2～3.6 kg．

体格は小型で地低[7]，ロースが太くて背が平たく，窪地に転倒し，仰向けになると立ち上がれないことがある．体重は雄 80～100 kg，雌 55～70 kg．肉質は，肉繊維が細くて風味があり，改良品種中最も良い．

（2）　サフォーク（Suffolk）（図 1.1）

イングランド南東部サフォーク州が原産地である．ノーフォーク・ホーンにサウスダウンを交配して 1810 年に作出された品種で，ノーフォーク・ホーンの頑健性・多産性とサウスダウンの早熟性・早肥性をあわせもつ．

雄雌とも無角で，後頭部から顔面までおよび四肢の膝と飛節の上部までが黒

図 1.1　サフォーク

---

6)　もともとはイギリス南部の牧羊に適した低地を丘原（down）といい，このような土地を原産とするヒツジをダウン種と呼んだ．

7)　地低：四肢が短い体形．

色短粗毛で被われ，前躯から後躯は白色半光沢の羊毛に被われている．羊毛は腰が強く嵩高性（バルキー bulky）があり，メリヤスなどに用いられる．毛長は 8～10 cm，毛の太さは 52～58 's，毛量は雄 3.5～4.5 kg，雌 3.0～3.6 kg．

体格は大型で中躯が長く，四肢の長さは中程度．体重は雄 80～130 kg，雌 65～100 kg．早熟・早肥で産肉性に優れ，赤肉が多くて風味良く肉質に優れている．

強健で栄養価の低い飼料に耐え，繁殖力が強く，産子率は 150%，子育てが巧みである．わが国ではラム肉生産用として重視されているが，イギリスやニュージーランドなどでは，羊肉生産のための止め雄[8]として重用されている．

(3) ドーパー (Dorpper)

南アフリカのトランスバール州においてドーセット・ホーンの雄にブラックヘッド・ペルシャンの雌との交配により 1950 年に作出された比較的新しい品種で，南アフリカはじめアフリカ南部では重要品種である．

本種の最大の特徴は，気候（高温）に適応し，フリース[9]の形で自然に脱毛して剪毛が不要なことである．羊毛はウールとヘアーが混生した短毛，あるいはヘアーのみで硬いため利用価値が低く，non-woolleed sheep といわれる．

体格は雄 100 kg，雌 75 kg．繁殖期が長いうえ多産性で，早肥．ニュージーランドでは肉質が評価されている．

c. 毛肉兼用種

(1) コリデール (Corriedale)

19 世紀後半ニュージーランドにおいてメリノ，リンカーン，レスター，ロムニー・マーシュなどの交配により兼用種として作出された主要品種の 1 つ．

雄雌とも無角で額から顔面，鼻筋，下顎にかけ白色短粗毛で被われているほかは，四肢は蹄まで，体躯は白い光沢のある羊毛に被われ鼻先は黒い．

サージ，セル，モスリン，ネルなどに用いられる．毛長は 10～15 cm，毛の太さは 54～58 's，毛量は雄 7～10 kg，雌 4～6 kg．

体格は大型で四肢は太く強健で，環境への適応性・飼料の利用性が高い．体

---

[8] 止め雄 (terminal crossing sire)：交雑種生産の最終段階で交配される雄畜．生産動物の形質や生産性に大きな影響を与えるため，優秀な品種であることが求められる．

[9] フリース (fleece)：羊毛を刈り取るとバラバラにならず 1 枚のコート状に続いている原毛．

重は雄 80～125 kg，雌 60～80 kg．早熟・早肥で産肉性，肉質に優れている．繁殖力が強く，産子率は 150%，子育てが巧みである．

わが国では明治以降導入され，特に 1929（昭和 4）年オーストラリアがメリノの対日禁輸をしてからは，第二次世界大戦期を除き 1950 年代まで多数輸入された．国内では独自に改良を進め，1949（昭和 24）年 5 月に「日本コリデール種緬羊登録規程」を作り，日本コリデール種（図 1.2）の血統登録を開始した（10 章・表 10.5 参照）．1970 年頃までは品種的にはほぼ 100% を占め，敗戦後の衣料不足を支えた．

図 1.2　日本コリデール

(2)　テクセル（Texel）

オランダのテクセル島原産．近世になりリンカーンを主体にレスター，サウスダウンなどを交配して 1909 年に作出された．

雄雌とも無角で顔面と四肢の膝・飛節は白色短粗毛．ほかの部位は白色光沢の羊毛に被われて，耳や瞼(まぶた)に黒の斑が現れるのもある．黒い鼻先をもつ短くて広い箱型の顔が特徴である．四肢はやや短く，後躯に張りがありロースは太い．早熟で 3～6 月齢でラム肉（ミルクラム，スプリングラム）として使用できる．産肉性が良いため肉用の止め雄として活用されている．

毛長は 7～12 cm，太さは 46～50's，毛量は平均 5 kg．体格はやや大型で四肢は太く粗飼料の利用性が高い．体重は雄 120 kg，雌 85 kg．肉質に優れ繁殖力が強く，子育てが巧みである．

d. 乳用種

乳・肉・毛を産する三用途種で，特に産乳性を向上させた種である．羊乳生産は，中央アジアの高地・山岳地帯，スペイン，フランスなどで盛んで，産乳

はおもにチーズに加工される．有名な品種は，ブリテッシュ・フリージャン，ドイツのイースト・フリージャン，スペインのマンチェガ，カスチジャーナ，中近東のアワシなどである．フランスのアヴェロン県内の地下洞窟で熟成される最古のチーズといわれる青かびチーズのロックフォールは，ラコーヌ，マネッシュなどの羊乳から作られている．乳脂肪およびタンパク質含量を比較すると，牛乳は 3.5％ および 3.4％ であるのに対し羊乳は 8.4％ および 4.3％ と高い（大谷，2005）．産乳量も多く1乳期に 100〜600 kg が普通で，1000 kg 超という報告もある．多産な品種が多く，子羊はミルクラム，スプリングラムとして活用される．

(1) ブリテッシュ・フライスランド（British Friesland）

単にフライスランドともいわれる．オランダのフライスランド地方原産で，イギリスで改良され 1985 年に成立した．ドイツで改良されたイースト・フリージャンと混同される．産子数が多いこともあり，雄は多産系雌羊に交配用の種雄として使用されることが多い．

雄雌とも無角で後頭部から顔面までおよび膝・飛節上までが白色短粗毛で被われ，口唇と鼻孔は柔らかいピンク色を呈する．羊毛は白色で光沢があり良質で，メリヤスや編物用に多用される．尾は短く白色短粗毛で被われている．

毛長は 10〜15 cm，毛の太さは 52〜54 's，毛量 4〜6 kg．わが国の記録で産乳量は 200〜300 kg であった（柳生，1995；大谷，2005）．

わが国には 1994（平成 4）年，飲用乳生産目的で導入された．

(2) イースト・フリージャン（East Friesian）

原産地はドイツ西北部低地のイースト・フリージャン地方．この地方は古くから在来種を改良し，強健・骨格粗大・早熟多産で産乳量が多いものへと改良を進め，1901 年に目的に合った本種が作出された．

雄雌とも無角で後頭部から顔面までおよび膝・飛節上までと尾は白色短粗毛，そのほかの部位は白色で光沢のある羊毛に被われている．耳，瞼，鼻先に黒色の斑の現れるものもいる．口唇と鼻孔は柔らかいピンク色を呈する．

毛長は 12〜16 cm，毛の太さは 46〜54 's，毛量は 5.5 kg．産乳量は 1 乳期（220〜230 日）平均 600 kg．4 歳時の 1 乳期に 1498 kg という記録もある．

体格は大きく，体重は雄 100〜120 kg，雌 75〜85 kg．産子率は 225％ と非常に高い．

e. 毛皮用種

(1) ロマノフ (Romanov)

原産地はロシアのモスクワ北西部ボルガ渓谷で，ロシアン・ノーザン・ショートテールを先祖として 17 世紀に成立した．産子率が 167〜250% と多産で早熟．周年繁殖が可能で，泌乳能力が高く 2 頭以上の子育てができ，乳用としても利用されるほか，多産性と子育性を利用してラム肉生産の母羊としても利用される．光沢のある優美な毛皮を生み出す．

雄雌とも有角または無角で，後頭部までおよび四肢が黒色短粗毛で被われているが，顔は鼻梁（びりょう）が凸型のロマンタイプで額から鼻にかけ白色のストライプがある．尾は短く白色短粗毛で被われている．

毛長は 11 cm，毛量は 2 kg．産乳量は 1 乳期（100 日）で 140〜230 kg．体格は胴が長く，体重は雄 50 kg，雌 42 kg．産子率は 200〜250% と非常に高い．

f. その他の品種

(1) フィニッシュ・ランドレース (Finnish Landrace)

原産地はフィンランド．北方短尾型（ヤギの尾に似ている）で，フィニッシュ，フィン，フィンシープとも呼ばれる．羊毛と毛皮生産を目的に改良され，1918 年に成立した．本種の最大の特徴は，平均産子率が 270% と非常に高いうえ，子育てが巧みで育成率も高いことで，過去に 8 頭分娩の記録がある．多産性を求めて，止め雄として使用される．

雄雌とも無角で，四肢および後頭部から顔面まで白色短粗毛で被われ，その他の部位は白く光沢のある羊毛で被われている．口唇と鼻孔に薄いピンク色を呈す．

毛長は 7.5〜15 cm，毛量は 1.8〜3.5 kg．毛の太さは 52〜54 's．早熟で肉量は少ないが脂肪の少ない肉質である．産乳量は 1 乳期（100 日）140〜230 kg．体格は胴と四肢が長く，体重は雄 50 kg，雌 42 kg．産子率は 200〜250% と非常に高い．わが国へは 1975（昭和 50）年にカナダから導入された．

(2) バルバドス・ブラックベリー (Barbados Blackbelly)（図 1.3）

原産地は中米カリブ海のバルバドス．本種は，17 世紀に西アフリカのカメルーンおよびギニアから持ち込まれた小型のヒツジをもとに 300 年かけて育成されたヘアータイプ（直毛）である．

図 1.3 バルバドス・ブラックベリー

　有角と無角のタイプがあり，毛色は濃褐色から黄褐色で，胸部・肩部に黒褐色が現れるほか，眼の周辺，胸部から下腹部および四肢の内側に地色とははっきり区別できる黒色を呈する．

　羊毛は 2.5 cm 程度のヤギのように硬いヘアーで被われ，雄は頸から胸部にかけ 10〜15 cm の剛毛を有する．体格はやや小型で肋骨がよく張り尻が細く，ヤギまたはシカに似ている．体重は雄 50〜90 kg，雌 40〜60 kg．産子率は 200〜250％と高く育成率も高い．強健・多胎性で周年繁殖をするので，熱帯肉用種として熱帯での品種改良に貢献している．

1.3.5　ヒツジと文化

a. 文 化

　本節冒頭で述べたとおり，ヒトがヒツジの毛刈りを始めたのは紀元前 3000 年頃といわれている．刈り取ること自体が「文化」であるが，そのために必要な道具（刃物＝剪毛鋏など）を製作することもまた文化である．この時期羊毛を利用するに至って，きわめて大きな文化的発展があったと考えられる．すなわち，羊毛の利用方法は，「紡ぎ」「織り」「フェルト」とに分けられる．織りは紡ぎができて初めて可能になる．フェルトは縮絨[10]という紡ぎとは別の技法で作成される．

　紡ぎとは，ステイプル[11]の中の数本の羊毛繊維を他の羊毛繊維につなぎ合

---

10)　縮絨：羊毛の毛端を絡ませて緻密な組織を作り，フェルト状にすること．羊毛を石鹸溶液やアルカリ性溶液で湿らせ，圧力や摩擦を加えて収縮させる方法などがある．
11)　ステイプル（staple）：羊毛の房のことをいう．このステープルが集まってフリースが形成される．

わせ 1 本の長い繊維（糸＝紡毛糸・梳毛糸）にしていく作業であるが，このとききわめて重要な点は，繊維を「撚る」ということで，撚りをかけないと繊維はつなぎ合わされずにバラバラのままになる．通常は時計回りの方向にねじって（撚って）単糸（1 本の毛糸）にする．双糸など太い糸が必要なときは逆に複数の単糸を反時計回りの方向に撚り合せて作る（原理はまったく同じなので逆方向の撚りもある）．この技術が発明されたことにより，その後の羊毛利用の文化は，ほとんど一足飛びに現代に近づいた．

　1 本の糸は織物に，また編物，絨毯の経糸などに使われる．つまり，現代の織物，編物などの文化は「撚る」文化なしには考えられないのである．

　イギリス，北欧諸国において，寒い北海で漁をする漁師は原毛で編んだフィッシャーマン・セーター（fisherman sweater）を着用した．これは原毛の毛脂が海水をはじく性質を濡れ防止と保温に活用したものである．

　紡ぐ方法としては，ステイプルから繊維を引き出し，細い紐状にしたものを太腿の上に置き，手の平で擦って撚りをかける方法，細い 1 本の棒を太腿上に置いて手の平で転がす方法，また，吊り下げたスピンドル（心棒の長い独楽状の道具）に回転を加えることで繊維に撚りをかける方法など，多種の方法・道具があるが，基本は「撚り」をかけることで，足踏み式の紡毛機などすべてが同じ原理で作られている．この技術は「糸」を通して編み，織りの文化を形成する大きなできごとであった．

　一方，モンゴルなどでゲルに使うフェルトは，羊毛を地面に細長く広げ，丸太を芯にして巻き取り，ロバなどで引き回しながら水を掛けたり乾かして縮絨を促して作成される．また，化学的な縮絨法をとらずに針（needle）を使って精緻な造形物を創作するニードルフェルトの文化も生まれた．

　イギリスの産業革命後に羊毛工業が盛んになると大量の羊毛が必要になり，それまで行われていた，小川の流水を利用して自動的に回転洗いする方法などでは量的に間に合わず，機械による大量の洗毛方法が開発された．その結果，洗毛汚水が生じたが，これを精製することで毛脂に含まれている「ラノリン」[12]が抽出され，保湿剤として化粧品などに今でも多用されている．また，かつて日本の中京工業地帯では羊毛工業が盛んで，原毛が大量に輸入されていた時代

---

12) ラノリン（lanoline）：羊毛の表面に付着している蝋（ろう）状物質．羊毛蝋，羊毛脂とも呼ばれ，おもに高級脂肪酸と高級アルコールのエステルからなる．

（戦前〜1990年代），カリウムなどの肥料成分が多く含まれている洗毛槽の沈殿物を乾燥して，これを「羊肥」として販売していた．加えて，紡績工場の床や換気孔にたまった羊毛の塵埃や羊毛屑は，肥効の長い遅効性の「羊毛肥料」として，特に花木・庭木生産者に多用された．これら羊毛産業の副産物利用も，ヒツジのもたらした文化といえる．

　羊毛に彩を添える染色は，その色具合・組合せにより，地域ごとに特色のある華やかな羊毛製品を生み出してきた．染料の材料は，その土地土地で得られる岩石，貝，草木などで，色を固定する媒染剤（明礬など）の使い方によってもさらに多様なオンリーワンの色合いを創り出せる．ヒツジの個体差による色合いの違い，有色毛（colored wool）を作品の一部または全部に使うことで，奥深い自然の風合いを楽しむこともできる．現代の羊毛工場では大量生産に適合すべく化学染料が用いられるが，手芸としての草木染めは今も盛んに行われている．

　ヨーロッパをはじめ多くの国において，羊肉は高級肉で，なかでもラム（lamb＝12ヶ月齢未満の子羊）肉は高級とされる．イギリスをはじめ北ヨーロッパでラム肉が最高級であるとする文化が形成されたのは，これら夏季の短い地域において，ヒツジは若草が萌え栄養価の高い飼料の多い春に子育てをできるよう早春に分娩するが，草地の面積や羊舎などの制約で次の年に越冬可能な頭数は限られ，育てきれない子羊は肉用に回さなければならず，これが貴重な食糧となったという背景があったからである．こうして得られたラム肉をおいしくいただくために，ヨーロッパにおいては羊肉料理用ソースの文化が発達した．一方，さらに厳しい自然環境のなかでは，子羊の生存率が低いほか，成長が遅く肉量が少ないために，成羊（ホゲット hogget＝12ヶ月齢以上24ヶ月齢未満，マトン mutton＝24ヶ月齢以上）を主体に食する食文化もあわせて発展した．

　羊肉はわが国皇室の正餐にも供される．羊肉の最も大きな特徴で，かつ，世界に貢献しているところは，地球上のほとんどの人々が羊肉を食することのできる文化を共有していることである．

　また，チーズをはじめとした乳利用の文化，皮革を利用する文化も，われわれの変化に富んだ豊かな生活を支えてくれている．紙の普及以前の古代〜中世においては，羊皮紙がまさしく「文化」を伝え広める媒体となっていた．

上記のほかにもヒツジの文化といえるものはたくさんあるが，その中でヒツジを生贄として神に捧げる文化がある．これは瑞穂の国のわが国で主穀であるお米（稲）を神に奉げるのと同様に，きわめて重要な食糧として社会の中で位置づけられてきたことをうかがわせる．

b. ヒツジの血統登録

ヒトとヒツジの関係は約1万年の長きにわたって続いており，その間に行われてきたことは，ヒトの望むものが生産可能なヒツジを作出することであった．ヒトは望みを達成するために弛みない研究・努力を積み重ねている．科学が未発達の時代は経験則により，飼育者はより良いものの作出を目指して交配と選抜を繰り返してきた．しかし，遺伝の法則が理解されると，血統が交配・改良に重要な意義をもつことが明らかとなり，積極的に血統が記録されることになった．これを血統登録という．血統登録は，「改良を進め，目的を達成するための手段」である一方で，ヒトの家畜観を反映した文化的な行為でもある．

〔羽鳥和吉〕

引用・参考文献

本出ますみ（2000）：もっと知りたい羊毛のことを．*Supinnuts*，**45**：40．
本出ますみ（2001）：糸を紡ぐための基礎知識Ⅳ．シープジャパン，**38**：4．
角田健司（2011）：ヒツジとヤギの合いの子伝説（その真相）．シープジャパン，**79**：12．
亀山克巳（1972）：羊毛事典，日本羊毛産業協議会「羊毛」編集部．
森　章（1970）：羊の品種，養賢堂．
大谷　忠（2005）：乳用緬羊フライスランド種の泌乳量と乳質．日緬会誌，**42**，7．
Skinner, J.M.(1985)：*British Seep & Wool*, The British Wool Marketing Boerd.
正田陽一（1986）：羊の品種，社団法人　日本緬羊協会．
正田陽一監修（2005）：世界家畜品種事典，社団法人　畜産技術協会．
田中智夫・中西良孝監修（2005）：めん羊・山羊技術ハンドブック，社団法人　畜産技術協会．
柳生佳樹（1995）：羊乳のススメ．シープジャパン，**15**：11．

2. 世界と日本のヒツジの生産

2.1 主要生産国のヒツジ生産

2.1.1 世界のヒツジ頭数

FAO（国連食糧農業機関）の資料によると，2011年現在，世界では104,371万頭のヒツジが飼育されている．ヒツジは熱帯地方から北極圏の国々に至る広範な地域で飼育されているが，南アジア（16,853万頭），東アジア（15,853万頭），オセアニア（10,425万頭），西アフリカ（9,533万頭）の4地域で世界全体の約半数を占めている（図2.1）．

表2.1には主要国におけるヒツジ頭数の推移を示したが，2011年の時点で最も多い中国（13,884万頭）と第2位のインド（7,450万頭）については，人口の増加とともに飼養頭数が増加している傾向があり，国民1人あたりの頭数（頭数／人口）に大きな変化はみられない．

一方，第3位のオーストラリア（7,310万頭）は，1990年代半ばまで世界

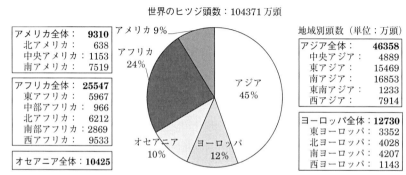

図2.1 世界のヒツジ頭数（2011年）（FAOSTAT）

2.1 主要生産国のヒツジ生産

表 2.1 主要国におけるヒツジ飼育頭数の推移（各国上段：飼育頭数（万頭），下段：人口1人あたり頭数）（FAOSTAT）

国 名	1995年	2000年	2005年	2010年	2011年 (1995年比%)
中 国	11,745	13,110	15,204	13,402	13,884 （118.2）
	0.09	0.10	0.11	0.10	0.10 （106.5）
インド	5,470	5,945	6,632	7,399	7,450 （136.2）
	0.06	0.06	0.06	0.06	0.06 （105.8）
オーストラリア	12,086	11,855	10,113	6,809	7,310 （ 60.5）
	6.67	6.19	4.96	3.06	3.23 （ 48.5）
スーダン	3,178	4,610	4,980	5,207	—*
	1.05	1.35	1.30	1.20	—*
イラン	5,089	5,150	5,380	4,950	4,900 （ 96.3）
	0.85	0.82	0.77	0.67	0.66 （ 76.9）
イギリス	4,330	4,226	3,525	3,108	3,163 （ 73.0）
	0.74	0.72	0.58	0.50	0.50 （ 67.9）
ニュージーランド	4,882	4,226	3,988	3,256	3,113 （ 63.8）
	13.28	10.95	9.65	7.45	7.05 （ 53.1）
パキスタン	2,907	2,408	2,492	2,776	2,809 （ 96.6）
	0.23	0.17	0.16	0.16	0.16 （ 69.6）
エチオピア	1,090	1,095	2,073	2,598	2,551 （234.0）
	0.19	0.17	0.28	0.31	0.30 （157.5）
南アフリカ	2,878	2,855	2,533	2,450	2,430 （ 84.4）
	0.70	0.64	0.53	0.49	0.48 （ 69.3）
世界合計	107,610	105,975	109,979	107,833	104,371 （ 97.0）
	0.19	0.17	0.17	0.16	0.15 （ 79.6）

*：スーダンについては2011年のデータなし．

最大の頭数を誇っていたが，度重なる干ばつや羊毛の需要減に伴う価格の急落により，飼養頭数は大幅に減少（1995年比60.5%）している．また，隣国のニュージーランドにおいても羊毛価格の下落による影響は顕著であり，1955年から2011年の間に，両国を合わせて6,545万頭が減少したことになる．

このようなオセアニア地域における頭数減少の影響を受け，世界全体の飼養頭数にもやや減少の傾向がみられるが，オーストラリア農業経済資源局では，羊毛価格は穏やかに回復し，オーストラリアにおけるヒツジ飼養頭数は2012年以降増加に転じると見込んでいる．

2.1.2 ヒツジの生産物とその動向

ヒツジのおもな生産物である羊毛，羊肉および羊乳の地域別生産量は図2.2〜2.4に示したとおりである．いずれの生産物においても飼養頭数を反映し，

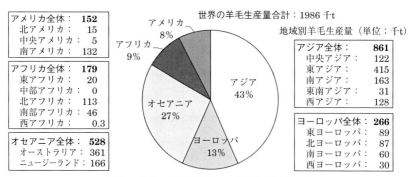

図 2.2　羊毛の生産状況（2011年）（FAOSTAT）

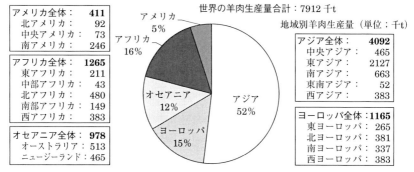

図 2.3　羊肉の生産状況（2011年）（FAOSTAT）

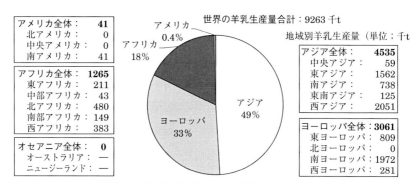

図 2.4　羊乳の生産状況（2011年）（FAOSTAT）

アジアでの生産量が最も多いが，各生産物の利用状況にはそれぞれの地域の気候やヒツジ飼育の歴史，文化の違いなどによる特徴もみられる．

たとえば，羊肉については宗教にかかわりなく食料として広く利用されていることから，その生産量は飼養頭数とほぼ連動しているが，赤道直下の熱帯地域においては飼養頭数に対する羊毛の生産量が少ない傾向にあり，羊乳については家畜ヒツジの発祥地である西アジアや，ヒツジの飼育がヨーロッパ諸国に広まるルートとなった南ヨーロッパで多く生産されている．西アジアでは古くから羊乳を重要なタンパク源として利用してきたが，その食文化は，ヒツジとともに地中海沿岸地域に伝えられたと推察される．

主要国における各生産物の概況をみると，羊毛，羊肉ともに生産量の第1位は中国であり，次いでオーストラリア，ニュージーランドの順となっている（表2.2〜2.3）．

中国は世界の羊毛の約20％を生産する最大の羊毛生産国であると同時に，世界最大の輸入・消費国でもある．2010年における羊毛生産量は386,786 tであるが，輸入量はその85.2％にあたる329,395 tであり，世界総生産量の34％を消費している．羊肉についても2010年には世界総生産量の25.1％にあたる2,070,000 tを生産しているが，それでもなお多くの羊肉を輸入しており，その量（100,040 t）はメキシコ（146,635 t），フランス（116,252 t），イギリス（100,677 t）に次いで世界第4位である．

表2.2 主要国における羊毛の生産量と需給状況（FAOSTAT）

国 名	2010年				2011年
	生産量 (t)	輸入量 (t)	輸出量 (t)	自給率 (％)	生産量 (t)
中 国	386,768	329,395	21,153	55.6	393,072
オーストラリア	382,300	5,386	350,998	1042.0	361,806
ニュージーランド	165,800	661	136,774	558.5	165,800
イギリス	67,000	53,823	34,265	77.4	67,000
イラン	60,000	3,138	2,778	99.4	60,000
モロッコ	55,300	295	288	100.0	55,300
スーダン	55,000	0	0	100.0	—*
アルゼンチン	54,000	240	24,786	183.3	54,000
ロシア	53,521	9,815	5,833	93.1	52,575
インド	43,000	76,473	1,434	36.4	43,000

＊：スーダンについては2011年のデータなし．

表2.3 主要国における羊肉の生産量と需給状況（FAOSTAT）

国名	2010年					2011年	
	と畜頭数	生産量(t)	輸入量(t)	輸出量(t)	自給率(％)	と畜頭数	生産量(t)
中国	12,330	2,070,000	100,040	13,217	96.0％	12,060	2,050,000
オーストラリア	2,566	555,616	1,396	268,282	192.4％	2,296	512,744
ニュージーランド	2,528	470,906	2,764	372,866	467.2％	2,420	465,318
スーダン	2,566	323,000	153	1,731	100.5％	—*	—*
インド	2,410	289,200	25	14,273	105.2％	2,445	293,400
イギリス	1,400	277,000	100,677	88,943	95.9％	1,448	289,000
トルコ	1,500	240,000	0	3	100.0％	1,580	253,000
アルジェリア	1,250	212,500	27	0	100.0％	1,073	182,000
ナイジェリア	1,550	170,500	19	0	100.0％	1,560	171,600
ロシア	909	166,697	9,078	4	94.8％	896	170,653

＊：スーダンについては2011年のデータなし．

　一方，オーストラリアとニュージーランドは羊毛および羊肉の輸出大国である．両国の輸出量を合わせると，羊毛については世界の貿易量の約55％，羊肉については約67％を占めている．

　オーストラリアのヒツジ飼育は，メリノを中心とした羊毛生産が主体であり，生産された羊毛のほとんどを海外に輸出している．近年の羊毛価格の下落により，その生産量は減少の傾向にあるが，2010年の生産量は中国をやや下回る382,300 tであり，このうち350,998 t（91.8％）が輸出に向けられている．また，羊肉については副産物的に扱われていた時期も過去にはあるが，現在は交雑種による良質な羊肉（ラム肉）生産にも力が注がれており，生産量（555,616 t），輸出量（268,282 t）とも世界第2位である．

　ニュージーランドでは，羊毛よりも羊肉生産に重点が置かれており，品種もロムニー・マーシュやポールワース，コリデールなどの兼用種が主体である．羊毛については，生産量（165,800 t）の82.5％にあたる136,774 tを輸出する世界第2位の輸出国であるが，羊肉の輸出量（372,868 t）は世界最大であり，ニュージーランドだけで世界の貿易量の38.8％を占めている．

　羊乳はおもにチーズの原料として用いられているが，地域によってはバターまたはギー，あるいはヨーグルトにも加工されている．羊乳についても2011年における世界最大の生産国は中国（1,529,000 t）であり．次にトルコ（892,822 t），ギリシャ（773,000 t），シリア（705,554 t）の順となっている．羊乳

表 2.4 主要国における羊乳および羊乳製品の生産状況（FAOSTAT）

国名	2010年			2011年
	羊乳生産量（万 t）	羊乳製品生産量（万 t）		羊乳生産量（万 t）
		チーズ	バター・ギー	
中　国	172.4	10.8	—	152.9
トルコ	81.6	2.6	1.8	89.3
ギリシャ	77.0	12.2	—	77.3
シリア	64.4	6.0	0.9	70.6
ルーマニア	65.1	2.4	—	63.3
ソマリア	59.0	—*	—*	59.0
スペイン	58.5	5.2	—	55.0
スーダン	52.7	1.5	—	—*
イラン	44.9	1.9	1.6	44.9
イタリア	43.2	6.0	—	41.8

＊：ソマリアの 2010 年およびスーダンの 2011 年はデータなし．

チーズで有名なイタリア（417,839 t）は第 10 位，フランス（265,390 t）は第 11 位である（表 2.4）．

2.2 日本のヒツジ生産

2.2.1 ヒツジ飼育の歴史と品種の変遷

a. 軍需羊毛の生産（明治から終戦まで）

日本に初めて渡来したヒツジは，599（推古 7）年に百済から献上されたものである．また，1818（文化 8）年には江戸幕府が中国から数十頭のヒツジを導入し，江戸巣鴨でヒツジを飼育したこともあったが，本格的に産業としてヒツジが飼育されるようになったのは明治以降のことである．

江戸時代にはすでに，毛織物がポルトガル人やオランダ人らによって持ち込まれていたが，西欧文化の導入とともに毛織物の需要が増大し，国として羊毛生産のためのヒツジ飼育の奨励に力を入れることとなった．羊毛の需要が増えた要因の 1 つは軍隊が洋装の制服を採用したことであり，明治政府は 1869 年にアメリカから 8 頭のスパニッシュ・メリノを輸入したのをはじめ，1880 年までに各種メリノのほか，サウスダウン，コッツウォールド，シュロップシャー，リンカーン，支那羊，蒙古羊など，合計 6,361 頭のヒツジを導入している．

そして，これらのヒツジはアメリカ人教師の指導のもとに，本州の下総牧羊

場と北海道の札幌牧羊場などで増殖を行い，民間への産子の貸付や技術の伝習，技術者の養成事業など，政府はヒツジの増頭に積極的に取り組んだ．しかし，衛生対策が不十分であったこともあり，各牧羊場では疥癬や内部寄生虫による被害が大きく，牧羊場開設以来 10 年間で生産された 11,584 頭のうち，実際に貸付されたヒツジはわずか 2,228 頭であった．このような状況の中，明治政府によるヒツジの飼養奨励事業は成果を上げることなく 1889 年に終止符を打つこととなった．

その後，日清，日露戦争を経験した日本政府は，軍需資源としての羊毛生産の必要性を痛感するが，さらに第一次世界大戦の勃発によって，イギリスがオーストラリアとニュージーランドの羊毛の輸出を禁止したことは，輸入羊毛の 95％を両国に依存していた日本に大きな打撃を与えた．そこで政府は，1917 年に 25 ヶ年計画でヒツジの頭数を 100 万頭とする新たな増殖計画をたて，1925 年までにアメリカ（3,321 頭），オーストラリア（2,430 頭），中国（880 頭），イギリス（159 頭）などから合計 6,983 頭のヒツジを輸入した．この時期に輸入された品種の大半はメリノであり，大正末期にはメリノが国内のヒツジの 85％を占めていた．また，飼育頭数も 1912 年の 3,308 頭から，1925 年には 17,359 頭まで増頭した．

時代は昭和に移り，日本は関東大震災後の長引く経済不況の中で，満州事変，日華事変に続く第二次世界大戦への突入と，激動の情勢下におかれていたが，政府は軍需羊毛自給のため 1936 年に羊毛自給施設奨励計画（目標頭数 120 万頭）を打ち出すなど，強力にヒツジの飼育奨励策を推し進めた．その結果，飼育頭数は 1936 年の 61,040 頭（飼育戸数 21,044 戸）から，4 年後には 195,642 頭（飼育戸数 60,000 戸）に増頭したが，第二次世界大戦の戦時下でヒツジの輸入が途絶え，それ以上頭数が増えることはなかった．また，1931 年にオーストラリアがメリノの輸出を禁止したことから，その後の輸入はコリデールが主体となり，主要品種はメリノからコリデールに移行した．

このように，明治時代に始まった軍需羊毛自給のための行政指導によるヒツジの飼育は，終戦とともに幕を閉じることとなったが，政府によるヒツジの飼育奨励策は結果的に目標達成には至らなかったものの，日本独自の少数舎飼方式によるヒツジ飼育が農村に定着したことは確かである．そして，このことはその後の急速な飼育頭数の増加につながる．

b. 戦後のヒツジ飼育

戦後の著しい衣料不足は，必然的に国産羊毛とヒツジの需要を高めた．羊毛と子羊が高値で販売されるようになったことで，衣料の自給を目的としたヒツジの飼育熱が急速に高まり，1945 年（終戦時）に 180,003 頭であった飼育頭数が 1957 年には 944,940 頭に，飼育戸数も 113,430 戸から 643,300 戸に増加した（表 2.5）．しかし，他に類を見ないきわめて零細な飼育形態は，ヒツジを取り巻く情勢の変化に太刀打ちできず，飼育頭数は 1957 年をピークに減少に転じた．民間貿易の再開（1951 年）と羊毛の輸入自由化（1962 年）によって羊毛の輸入量が急増する．その結果，国産羊毛の価格は下落し，さらに化学繊維の発達によって衣料資源が豊富に出回るようになり，羊毛の自家利用を目的としたヒツジの飼育意欲は次第に低下していった．また，加工原料肉としての羊肉需要が増加したことで多くのヒツジが屠殺され，1976 年には飼育頭数は 10,190 頭にまで減少してしまった．

このようにヒツジの頭数が激減する中，生産者や関係機関によって新たなヒツジ飼育の方向性について議論が行われていた．その内容は羊毛生産から羊肉

表 2.5 戦後のヒツジ飼育頭数および飼育戸数の推移（農林水産省『畜産統計』）

年次	全国			北海道		
	飼育戸数	飼育頭数	頭数／戸数	飼育戸数	飼育頭数	頭数／戸数
1945	113,430	180,003	1.6	30,900	48,102	1.6
1946	126,784	196,425	1.5	43,208	72,996	1.7
1949	221,895	327,490	1.5	83,708	140,110	1.7
1952	380,652	577,612	1.5	113,093	212,801	1.9
1955	535,010	784,020	1.5	133,820	248,140	1.9
1957	643,300	944,940	1.5	138,790	257,660	1.9
1958	629,400	915,300	1.5	129,100	239,300	1.9
1961	492,210	676,520	1.4	92,410	152,930	1.7
1964	210,650	274,210	1.3	49,360	76,090	1.5
1967	81,550	113,300	1.4	24,920	42,690	1.7
1970	15,552	22,392	1.4	2,155	5,257	2.4
1973	7,580	17,270	2.3	810	5,590	6.9
1976	2,190	10,190	4.7	390	4,990	12.8
1979	1,880	11,900	6.3	390	4,750	12.2
1982	2,450	19,000	7.8	490	7,430	15.2
1985	2,960	23,900	8.1	610	9,590	15.7
1988	3,080	28,500	9.3	860	14,100	16.4
1990	2,840	30,700	10.8	960	16,100	16.8

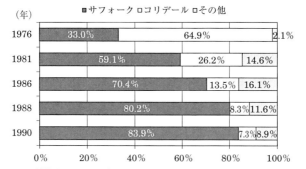

図 2.5 品種構成比の推移（1歳以上の雌）（農林水産省『家畜改良関係資料』）

生産への転換と，ヒツジの採食特性を利用した草地の造成や維持管理への活用であり，あわせて新たな肉用品種の導入についても検討された．そして，1958 年から 1965 年にかけて行われたサウスダウン，ロムニー・マーシュおよびサフォークの特性調査とコリデールとの交雑試験の結果から，サフォークがコリデールに代わる品種として選定され，1967 年から同品種の本格的な輸入が始まった．その後，米の生産調整に伴う水田利用再編対策としてヒツジが取り上げられ，ラム肉（子羊肉）の地場消費を主体としたサフォークの飼育が各地で行われるようになり，飼育頭数は 1990 年に 30,700 頭まで回復した．

こうしてヒツジの飼育目的がラム肉生産に変わり，サフォークが増頭していくに伴って，これまで主要品種であったコリデールは次第に姿を消すこととなった（図 2.5）．

2.2.2　現在のヒツジ生産

a. 羊肉生産

1980 年代になると，折からのグルメブームやヘルシー志向が追い風となって，ラム肉の需要量が徐々に増加し，ヒツジの飼育頭数も一時的に回復をみせたが，それも束の間，1991 年以降は再び減少に転じる（図 2.6）．そのおもな原因として，輸入羊肉がこれまでのマトン（成羊肉）からラム肉に切り替えられ，安価な輸入ラム肉が大量に出回るようになったことが挙げられるが，加えて，国内でのスクレイピーの発生や BSE（牛海綿状脳症）発生に伴う風評の影響からヒツジの飼育を断念する生産者も少なくはなかった．

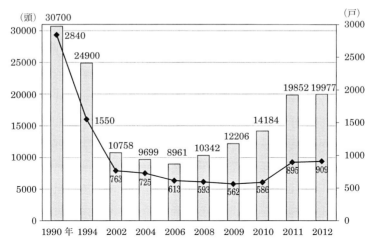

図 2.6 飼育頭数（棒グラフ）および飼育戸数（折れ線グラフ）の推移
資料：1994年までは農林水産省『畜産統計』（1歳以上），2002～2010年までは中央畜産会『家畜改良関係資料』（1歳以上），2011年以降は農林水産省『家畜の飼養に係る衛生管理状況の公表について』（子羊を含む）．

　しかし，このような状況にあっても，生産者らがこれまでの羊肉のイメージ（羊肉＝ジンギスカン＝安物の肉）を払拭すべく積極的な売り込みを行った結果，国産ラム肉は次第にその品質が高く評価されるようになり，フランス料理やイタリア料理の食材としても用いられるようになった．さらに，ヨーロッパでのBSEの発生により，2001年から日本は同地域からの畜産物の輸入を禁止しているが，このことによって最高級品といわれるフランス産のプレ・サレなどの高級ラム肉が入手できなくなり，その代替として国産ラム肉に目が向けられることとなった．こうして，国産ラム肉は高級食材として認められるようになったが，輸入羊肉の大半はオーストラリア産とニュージーランド産が占めており，フランスからの輸入量はわずか（50～60 t）であったため，国産ラム肉のレストラン等への販売が飼育頭数に大きく影響を与えることはなかった．

　2006年以降，ヒツジの頭数はようやく増頭に向かうが，そのきっかけとなったのは，昨今のダイエットブームである．2004年頃，羊肉に多く含まれているL-カルニチンの脂肪燃焼効果が話題となり，羊肉がダイエット食品として注目されると，首都圏を中心にジンギスカンブームが到来した．そして，ラム肉の消費量は一過性に急増し，これに伴ってラム肉の輸入量も増加したが，国

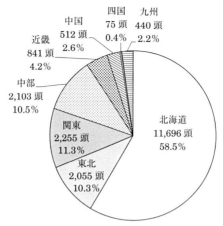

図 2.7　地域別飼育頭数とその比率（農林水産省『家畜飼養に係る衛生管理状況等の公表について』）

産ラム肉を求める声が多く，2004～2006年にかけては生産が追いつかない状況であった．このようななか，北海道を中心とする生産現場では規模を拡大する牧場や新たに大規模なヒツジ飼育に取り組む牧場もみられ，一時期8,000頭台にまで減少した頭数も徐々に増加し，2012年には全国で19,977頭（子羊を含む）に増頭した（図2.6）．このうち，北海道の飼育頭数は11,696頭で全体の58.5％を占めている（図2.7）．

表2.6には羊肉の国内生産量と輸入量の推移を示したが，ジンギスカンブームが去った2007年以降，輸入量が大幅に減少しているにもかかわらず，国内生産量については増加傾向にある．その理由として，ジンギスカンブームをき

表2.6　羊肉の国内生産量および輸入量の推移（農林水産省『食肉流通統計』および財務省『日本貿易月報』）

年　次	2002	2004	2005	2006	2007	2008	2009
国内生産量 (t)[*1]	113	123	126	91	105	128	143
北海道	69	84	85	62	72	92	113
輸入量 (t)[*2]	24,857	28,381	32,007	32,690	22,455	23,557	23,673
オーストラリア	15,437	15,835	18,651	19,009	15,431	15,844	15,180
ニュージーランド	9,286	12,435	13,040	13,485	6,967	7,602	8,280
アイスランド	90	109	292	135	37	110	211
その他	44	2	24	61	20	1	2

[*1]：枝肉量．　[*2]：枝肉，骨付き肉および部分肉の合計．

っかけに国産ラム肉の良さがより多くに人に理解されるようになったことが考えられるが，近年，生産者自身が自前のレストラン料理を提供する，いわゆる6次化産業への取り組みが行われており，このことも国産ラム肉の生産量（需要量）増加の一要因となっている．

b. その他の生産物

前述のとおり，現在の日本におけるヒツジの飼育目的はラム肉生産であり，品種もサフォークを主体にポール・ドーセットやテクセルなどの肉用系品種が大半を占めている．これらのヒツジからも毎年羊毛が刈り取られており，以前は布団の原料として販売されていたこともあるが，現在では極少量が観光牧場や羊毛愛好家によって利用されているにすぎない．現状においては国産羊毛は産業的用途での販路がなく，ほとんどが堆肥に混ぜられるか，利用されないまま廃棄されている状況にあるが，最近，羊毛関係者や生産者によって国産羊毛の活路を見いだそうとする動きもみられる．

また，少数ではあるが，羊乳を使ったアイスクリームやチーズの加工，あるいは羊肉生産の副産物として得られる毛皮のムートンへの加工も行われている．

〔河野博英〕

3. ヒツジの特徴

🫘 3.1 種としての特徴

ヒツジの特性は，その原種の生息環境を考えてみると，自ずと明らかになってくる．現在の家畜羊は，おもに中央アジアの平原から山岳地帯にかけて生息しているアルガリやムフロンなど複数の野生羊がその原種と考えられている．野生羊の生息地を図 3.1 に示したが，その環境は，比較的温暖なところから非常に厳しい標高 3000 m 以上にもなる高地まで分布しており，それらの野生種が交雑され改良されてきたと考えられている．したがって，家畜羊もそれら原種がもつ種としての特徴を受け継いできているとともに，非常に幅広い地理的条件で生きていくことができる優れた環境適応能力をもっている．この特性を受け継いでいる家畜羊は，低地から山岳地帯まで，あるいは暑熱地帯から寒冷

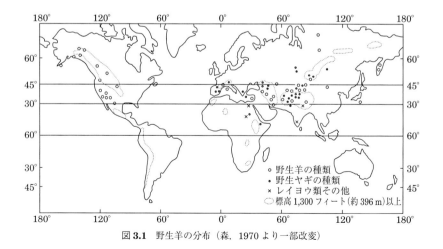

図 **3.1** 野生羊の分布（森，1970 より一部改変）

地帯まで，世界の各地域で飼育されており，人類に衣料や食料を提供してくれている．

特に，野生羊のおもな生息地である気候条件の厳しい山岳地帯では，真冬は雪と氷に閉ざされ，ほとんど食糧となる植物がないような期間が長く続く．そのような過酷な条件を生き抜くには，雪解けから秋までの短い期間に出てくる植物を効率よく摂取し，その蓄えで冬期も乗り切れるような特性を備えもつ必要がある．すなわち，質の悪い草も積極的に利用してうまく消化し，効率よく体に取り込んで，冬が来る前に，十分な皮下脂肪や，種によっては臀部（脂臀羊）や尾部（脂尾羊）に脂肪をため込む．また，冷たい外気から身を守るように毛も長く伸ばす．そして，栄養が十分に足りている秋に交尾して，雌は身ごもったまま冬期間を過ごして，草が芽吹き始める春に出産する．羊乳には，タンパク質や脂肪分が牛乳の2倍近い割合で含まれているので，生まれた子羊は4〜5週齢頃までは母乳だけでも栄養要求量を満たすことができるが，生後数日から固形物も口にし始めるので非常に成長が早い．一般に，3〜4ヶ月で離乳するまでに，改良された家畜羊では40 kgを超えるにまで成長し，その年の秋にはほぼ成羊と同程度の体格になって性成熟に至る．

このように，ヒツジは飼料の利用性がきわめてよく，それに伴って成長が早いということは，すなわち産肉性がよいといえる．また，上述のように乳成分も高タンパク・高脂肪で，加工にも適している．さらには，産毛性もよいので，ヒトにとっては利用価値の高い性質（経済的形質）を元々の種としてもっていることになり，その特性をさらに改良して家畜化したものが現在のヒツジといえよう．

なお，北米に生息するビッグホーンは，現代の家畜羊の成立にはかかわっていないと考えられている．

3.2 生理的特徴

ヒツジの生理的特徴としては，まず反芻動物であることを忘れてはならない．家畜化されている反芻動物には，ウシやヤギ，あるいはラクダなどもいるが，中でもヒツジは消化管が非常に長いという特徴をもっている．ヒツジの腸は，腸詰めウィンナーと呼ばれるソーセージのケーシングに用いられるが，体

長の 25〜30 倍くらいの長さにもなる．消化管が長いということは，摂取した草をゆっくり長時間かけて消化し吸収できることになり，消化率が高い，すなわち飼料の利用性が高いことにつながる．したがって，比較的栄養価の低い飼料でもある程度の体重維持は可能である．例えばわが国で年々拡大している耕作放棄地にヒツジを放牧して，遊休農地の有効活用を図る試みが各地で実施されているが，このような場所に生えているいわゆる雑草や灌木の枝葉などもよく摂取し，体重を維持できることは，筆者らの調査でも確認できている（田中ほか，2004）．ただし，十分な発育と生産される肉の品質を考えれば，一般的な放棄地の雑草だけでは栄養不足となる．

　ヒツジの歯は，歯式でいうと，上顎が 0.0.3.3.，下顎が 3.1.3.3. となり，下の前歯の 4 番目が犬歯とされているものの，ウシ（上顎が 0.0.3.3.，下顎が 4.0.3.3.）とほぼ同じで，上顎には前歯がない．しかし，草の摂取様式は，ウシとヒツジでは大きく異なり，おもに長草を舌で巻き取り，引きちぎって摂取するウシに対して，ヒツジは左右に分かれた上唇と下顎の前歯で短草をかじりとるようにして摂取する．したがって，ウシが摂取しづらいような短い草やウシが引きちぎった草の残りの部分などもヒツジは摂取することができ，これも飼料の利用性がよいことにつながる．もちろん，長い草を食べないわけではなく，体高以上にある草も顔を上げて摂取したり，踏み倒して摂取したりもする．またこの特性を利用して，藪化した耕作放棄地にヒツジを強めに放牧して長草も短草も短期間に食草させ，見通しをよくすることにより，景観保全だけでなく，それに伴って近隣の耕作地における野生鳥獣による農作物被害の軽減にも役立てることができる．

　ヒツジには，両眼，蹄の間および鼠径部にそれぞれ顔腺，趾間腺，鼠径腺と呼ばれる分泌腺があり，そこから臭気のある分泌物，いわゆるフェロモンを分泌している．これにより，マーキング等を行い，仲間とのコミュニケーションに役立っていると考えられる．

　ヒツジの目は，他の草食動物同様に，顔の側方に位置している．これにより，彼らの視野は約 300°と広く，目を動かせば体の真後ろ以外ほぼすべてを見ることができると思われる．これは，野生において草食動物は肉食動物に補食される危険に常にさらされていることから，広い視野で周囲を警戒するのに適するように進化してきた結果と考えられる．一方で，目の前の両眼視できる範囲

表 3.1　各家畜種の視力値

家畜（品種）	視力値	出典
ヒツジ（サフォーク）	0.085〜0.190	Tanaka *et al*., 1995
ウシ（黒毛和種）	0.045〜0.083	Entsu *et al*., 1992
ウシ（ホルスタイン）	0.150	山本ほか，1987
ブタ（LD*）	0.017〜0.070	Tanaka *et al*., 1998
ブタ（品種不明）	0.001〜0.030	Zonderland *et al*., 2008
イヌ（柴）	0.230〜0.330	Tanaka *et al*., 2000

＊：ランドレース×デュロック

は相対的に狭く，したがって細かな解像度という点では肉食動物やヒトと比べると劣る．筆者らの行動学的手法を用いた研究では，ヒツジの視力は人の視力値に換算すると 0.1〜0.2 程度と推定される（Tanaka *et al*., 1995）．しかし，彼らにとっては，細かな解像度よりも広い視野で遠くにいる捕食個体の動きを感知できる方が何倍も重要であり，実際に，野生羊は 1 km 離れたところにいる捕食動物の動きを察知できるといわれている（Geist, 1971）．ヒツジとその他の代表的な家畜の視力値を表 3.1 に示す．

また，かつては霊長類を除く多くの哺乳動物は色彩感覚があまり発達していないと考えられていたようであるが，ヒツジは三原色を見分けることができる（Tanaka *et al*., 1989a）．このことはウシでも同様に確かめられている．筆者らはさらに，草の色を想定した緑色に対して，青色および黄色から徐々に緑に近づけた色と対比させる実験をヒツジを用いて行ったところ，ヒトでも瞬時には差がわからないほどの類似した色まで見分けることができた（Tanaka *et al*., 1989b）．このことから，ヒツジは草を選択する際に，色もその判断基準の 1 つとしている可能性が示唆される．

そのほかの生理的な特徴としては，平均体温が 39℃ 前後であり，ヒトより 2〜3℃ 高い．呼吸数は，毎分 20〜30 回，心拍数は 90 回程度である．これらの値をおぼえておくと，日々の管理の中で異常の早期発見につながるので重要である．

3.3　形態的特徴

野生羊の角の形状は，どの種も比較的類似しており，大きな渦巻き状のものが多い（図 3.2）．家畜羊においても，例えばメリノやドーセット・ホーンの

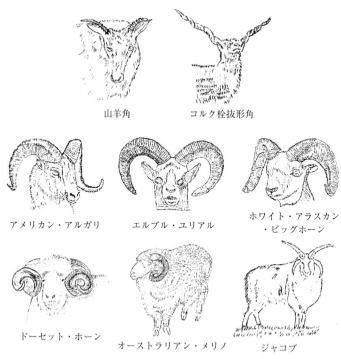

図 3.2 ヒツジの角の形状（作図：羽鳥和吉）
中段：野生羊，下段：改良品種．

ように，渦巻き状の角をもつものもあるが，野生羊の角が上向きに生えているのに対して，家畜羊ではやや側方に生える傾向が見られる．また，家畜化の過程において，無角の品種が数多く誕生し，現在のヒツジは無角の方がむしろ多数を占める．なお，ジャコブのように，2～6本の角をもつ品種もある．

ヤギとヒツジをまとめて綿山羊（めんさんよう）といい，中にはどちらか見分けがつきにくい品種もある．しかし，両種では染色体数が異なり，形態的にも，例えばヤギにみられる顎髭（あごひげ）は，ヒツジには一般的にはない．

体格は，野生羊でもムフロンは比較的小型でずんぐりしているのに対して，アルガリは体高が1mを超え，体重は100kg以上，中には150kgを超えるものもいるといわれるように，かなり幅広い．したがって，家畜羊においても，その体格は種間差が大きく，主要な品種をみても，メリノ系種の基礎となったスパニッシュ・メリノが50kg前後あるいはそれ以下であるのに対しリンカー

ンは雌でも 100 kg 以上になる（表 1.1 参照）．また，改良された肉用種では，肥育すれば 200 kg 程度にまで発育するような個体もいる．

　家畜羊は，その用途としておもに肉，毛，乳，また一部には毛皮の生産を目的として改良されてきているので，それぞれの品種はその用途に応じた形態的特徴を備えている．中でも，肉用として育種された品種の多くは，肉用牛と同様にがっちりとした矩形の体をしているものが多いという特徴がある．毛質は，メリノのように最高級の極細のものから，多くの肉用種にみられる比較的太いもの，その長さも短毛から垂れ下がるほどの長毛までさまざまなものがある．

　なお，毛用種も，肉用種に比べれば肉質は劣るとはいえ当然ながら肉の利用も十分に可能であり，同様に肉用種の毛もその用途に応じてさまざまに活用されており，非常に有用な家畜といえる．

3.4 行動特性

　ヒツジに限らず草食動物は，野生では肉食動物の捕食対象であることから，一般に非常に警戒心が強く臆病な動物である．単独でいることは命の危機にさらされることになるので，多くの草食動物は通常は群れを作って生活している．中でもヒツジは特に群集性の強い動物で，家畜化された後もその習性が保持されている．例えば，何らかの理由で 1 頭を群れから隔離すると，かなり長時間にわたって仲間を呼ぶような鳴き声を発し続ける．この群集性は，ヒツジは群管理しやすいということにつながり，家畜としてヒトが扱いやすい特性といえる．またヒツジは，温順で学習能力も高く，ヒト慣れしやすいので，この点でも家畜としての適正を備えているといえよう．

　また，群集性が強いということは，追従性が強いともいえ，群れの 1 頭がある行動を始めると，次々と同じ行動を始め，群れ全体が同じ行動をする，ということがよくみられる．具体的には，例えば群れ全体が休息しているときに，ある 1 頭が立ち上がって食草を始めると，立ち上がる個体が徐々に増えていき，短時間のうちにみんなが同じ方向に向かって食草を始める，といった光景は放牧地では珍しくない．しかし，この場合にも，特にリーダーがいて群れを先導する，というものではなく，どの個体が始めた行動が広がっていく，

表 3.2 社会的順位，体重および群行動開始時の位置との相関係数
（山下ほか，1993 より一部改変）

測定項目	体重	食先	自先	食後	自後	単独
社会	0.12	0.25	−0.16	−0.14	0.42*	0.26
体重		−0.22	−0.16	0.08	0.31	0.05
食先			0.29	−0.22	−0.12	0.15
自先				−0.17	−0.28	0.40*
食後					0.24	0.36*
自後						0.23

社会：社会的順位，食先：食草時の先頭率，自先：自発的移動時の先頭率，食後：食草時の最後尾率，自後：自発的移動時の最後尾率，単独：単独食草率．
＊：$p<0.05$．

といった方が適切と思われる．ただし，比較的先頭のほうに行きやすい，あるいは逆に後方に位置しがちといった個体はいるが，これらの傾向と社会的順位の優劣とには明確な関係はないようである．筆者らのグループが調査した，群れの行動開始時における各個体の位置や，その社会的順位との関係について，表 3.2 に示す（山下ほか，1993）．

　放牧羊の食草行動は，気候や植生によって大きく異なるものの，平均的にいえば，1 日に 4〜7 回程度のまとまった食草時間があり，延べ食草時間は 9〜11 時間程度である．それに伴う反芻行動は，1 日に数回から 15 回前後で，その延べ時間は食草時間とほぼ同様である．一般に，春から夏にかけて草生状態がよいときには反芻時間が食草時間よりやや短く，逆に草が堅くなる時期には反芻時間が食草時間よりやや長くなる．

　性行動は，次節にあるように繁殖季節に限定されるが，群飼で自然交配させた場合，雄は 1 日に 10 回以上も交尾・射精する．雌においては，受精適期は 24〜36 時間持続し，その間に雄を 4〜6 回程度受容する．

　分娩後の約 2 時間に，母羊は匂いに対する感受性が急激に高まり，通常はこのときに子羊の羊水を舐めるなどの世話をすることで，その匂いを記憶し，自身の子と他の子とを識別する．言い換えると，この時期に子羊を母羊から離してしまうと，その後に哺育させることはきわめて困難になる．この習性を逆手にとれば，里子に出す必要が生じた場合には，分娩時刻が近い里親の胎盤などを里子に塗りつけてその世話をさせることで，自身の子と同様に哺育させることも可能である．

子羊は，娩出後比較的早い段階で立ち上がって初乳を飲み，その後は母について歩く，いわゆるフォロワータイプの母子行動をとる．

3.5 繁殖特性

ヒツジは，短日性の季節繁殖動物である．すなわち，日照時間が短くなる秋から冬の間が繁殖季節であり，わが国では通常は9月頃から2月頃がその時期となる．この間に妊娠しなければ，約17日の周期で10回程度の発情を繰り返す．ただし，飼育場所の緯度により大きく影響を受け，日照時間の変化が小さい赤道付近の低緯度地方では，周年繁殖が可能といわれている．さらに，高度や気温などの環境要因によっても繁殖可能な期間は左右されるので，一般に山地では低地よりも繁殖季節が短く，北海道では九州よりも繁殖期がやや早く始まる．

また，品種によっても繁殖可能な期間に前後各一月程度の違いがあり，たとえばかつての北海道立滝川畜産試験場（現在は，花・野菜技術センターに改組されている）の記録では，ドーセット・ホーンは8月初旬から2月下旬までの7ヶ月程度，チェビオットでは逆に短くて9月下旬から2月上旬の5ヶ月弱となっている（p.89 図7.2参照）．

繁殖季節の始まりは，短日の光周期が性中枢を刺激して，視床下部から性腺刺激ホルモン放出ホルモン（GnRH）を放出させることによる．すなわち，これにより，下垂体前葉から卵胞刺激ホルモン（FSH）や黄体形成ホルモン（LH）といった性腺刺激ホルモンが産生され分泌されることによって，性腺の活動が高まる．したがって，これらのホルモン製剤を人工的に投与することによる季節外繁殖の技術が実用化されつつあるが，その詳細は，第7章を参照されたい．

一方で雄は，雌ほどには明らかな繁殖期を示さず，したがって，非繁殖季節に雌に人工的に発情を発現させれば，雄には特別な処置を施さなくても交配は可能である．これは，雄の性ホルモン（アンドロジェン）は非繁殖期においてもある程度は産生されていることによる．しかし，雄においてもアンドロジェンの分泌には季節変化があるので，本来の繁殖期の方が精液の性状が優れ，また性欲も昂進し，結果的に受胎率や産子率も高い． 〔田中智夫〕

引用・参考文献

Geist, V. (1971): *Mountain Sheep: A Study in Behavior and Evolution*, p. 383, University of Chicago Press.

森 彰 (1970): 図説・羊の品種, p. 11, 養賢堂.

Tanaka, T., Asakawa, K., Kawahara, Y., Tanida, H., Yoshimoto, T. (1989a): Color discrimination in sheep. *Jpn. J. Livest. Management*, **24**: 89-95.

Tanaka, T., Sekino, M., Tanida, H., Yoshimoto, T. (1989b): Ability to discriminate between similar colors in sheep. *Jpn. J. Zootech. Sci.*, **60**: 880-884.

Tanaka, T., Hashimoto, A., Tanida, H., Yoshimoto, T. (1995): Studies on the visual acuity of sheep using shape discrimination learning. *J. Ethol.*, **13**: 69-75.

田中智夫・内藤範剛・赤堀友紀・植竹勝治・江口祐輔 (2004): 中山間地域の耕作作放棄地を利用しためん羊の飼養管理およびラム肉生産に関する研究. 財団法人 伊藤記念財団平成15年度食肉に関する助成研究調査成果報告書, **22**: 161-167.

山下恵理子・田中智夫・谷田 創・吉本 正 (1993): 放牧下におけるサフォーク種去勢羊のリーダーシップ. 日緬研会誌, **30**: 61-68.

4. ヒツジの管理

4.1 環 境 管 理

4.1.1 家畜を取り巻く環境

家畜を飼育するうえで，それぞれの畜種に適した環境を整えることは重要なことである．近年，アニマルウェルフェアの考え方が世界中に浸透し，産業動物にも適用されるようになったが，その基本理念である「快適性に配慮した飼育管理」は，家畜が本来もっている能力を十分に発揮できる状況を作ることにもつながる．

家畜を取り巻く環境には，気候的要因，地勢的要因，物理的要因，化学的要因，生物的要因，社会的要因がある（図 4.1）．気候的要因は，気温や湿度，

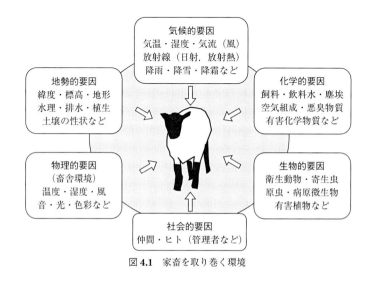

図 4.1 家畜を取り巻く環境

気流（風），放射線などおもに温熱環境を構成する自然環境要因であり，家畜の生産性に大きく関与している．地勢的要因も自然環境要因の1つであるが，地形や植生は放牧管理における家畜の行動に影響し，緯度や標高は，季節繁殖動物であるヒツジの繁殖時期や繁殖期間に影響を及ぼす．物理的要因には気候的要因や地勢的要因を含めることもあるが，ここでは畜舎の構造や立地条件にかかわる温熱環境と音や光，色彩などのことをいう．化学的要因とは，飼料や飲料水，酸素や炭酸ガスなどの空気組成，悪臭物質であるアンモニアや硫化水素などであり，生物的要因は，細菌などの病原微生物や寄生虫およびこれらを媒介する衛生動物などをいう．また，社会的要因としては群れを構成する仲間どうしの相互関係のほか，管理者など家畜に接するヒトも重要な環境要因の1つとなる．

4.1.2　環境の制御

　哺乳動物は，外部の環境変化に対応して生体機能を一定に維持しようとする機能をもっている．しかし，その機能の限界を超えるような著しい環境変化の下では生体機能に何らかの異常を来し，さらにそのレベルを超えると生命の危機にさらされる．家畜を健康に管理し生産性を向上させるためには，家畜を取り巻くさまざまな環境要因と家畜の状態およびこれらの関係を理解し，家畜の体調に悪影響がある場合には，その要因を制御または排除する必要がある．特に温熱環境については，直接的に体温調節に関与する要因であり，健康状態や生産性に大きく影響するため，家畜の飼育管理においては重要となる．

　温熱環境は，気温，湿度，風，放射熱で構成されるが，ヒツジでは剪毛の有無（羊毛の長さ）も熱環境要因の1つとなる．羊毛は断熱性が高く，保温や放射熱の体内への吸収を抑制する効果があるが，暑熱時における体蓄積熱の放散には不利である．

　ヒツジが環境温度の変化に対して，ほとんど生理機能の変化を伴わずに正常な体温を維持できる温度（熱的中性圏）は10〜20℃であるが，生産に影響を及ぼす臨界温度は低温域が−3℃，高温域は23℃であり，これを逸脱すると，発育や繁殖能力の低下を招く．環境温度が15〜20℃以上になると呼吸数が増加し，その後，飲水量の増加や運動量の抑制，採食量の減少がみられる．呼吸数の増加は気道から熱を放散するための生体反応であるが，汗腺が少ないヒツ

ジはおもに呼吸数の増加によって熱放散を行っており，気温が28℃以上になると毎分200回を超える速い呼吸（熱性多呼吸）となる．この呼吸は浅く産熱量が少ないため，体温調節には効果的であるが，それでも体温の上昇を抑えることができなくなると深く激しい呼吸に変化する．これは体温調節機能の破綻を示す兆候であり，呼吸運動による産熱量の増加によってさらに体温が上昇し危険な状態に陥ることになる．飲水量については，呼吸数の変化に伴う水分蒸散量の増加によって要求量が増加するが，体温より低い温度の水を飲むことによって体温を低下させる効果が期待できる．このため，高温環境下では，常に新鮮な水が飲めるようにしておくことが重要である．運動量の抑制や採食量の減少は，産熱量を抑制するための生体反応であるが，採食量については，20℃以上の環境下で気温5℃の上昇に伴って，乾物量として2.6％減少し，逆に20℃以下では5℃の低下で2.6％増加するといわれている．気温の低下に伴う採食量の増加は，産熱量を増加させるためのエネルギー源となるが，高温時における採食の減少は養分摂取量の不足を意味し，発育の停滞や体重の減少を招くことになる．

ヒツジは寒さには比較的強く，幼弱な子羊を除けば寒さだけで健康が阻害されることはほとんどないが，暑熱環境はヒツジの健康に大きく影響し，生産にも大きな打撃を与えるため，防暑対策を講じる必要がある．舎飼いの場合は羊舎内の対流熱が問題となるため，換気をよくし，送風や屋根への散水による輻射熱の抑制などの対策が考えられる．放牧管理では自然環境を制御することは難しいが，少なくともヒツジが強い日射から身を守れる日陰を設置することは必要である．この場合，できるだけ風通しのよい場所を選ぶことが重要であり，また，いずれの管理においても常に飲水できる状態にしておくことを忘れてはならない．

4.2 舎飼いと放牧

4.2.1 舎飼い

a. 羊舎と舎内環境

羊舎はヒツジにとって快適に過ごせる環境であり，管理者にとっては飼料給与などの管理作業が機能的に行える構造であることが望まれる．飼育環境を快

適なものにするためには，十分な換気（通風）と採光に配慮することと，適切な床面積（飼育スペース）を確保することが重要である．先にも述べたとおり，換気は暑熱環境からヒツジを守るために不可欠な対策の1つであるが，冬期間においても舎内で発生する塵埃や悪臭物質，有害物質などを換気によって排除する必要がある．防寒対策と称して羊舎の開口部を閉め切ってしまうことは，舎内の空気を汚染し，呼吸器系疾患の発生原因となる．採光については，夏季には舎内温度の上昇を抑制するため，日光を遮断することもあるが，冬期間においては温度や湿度などの舎内環境を改善するため，より多くの日光を取り入れることが重要である．

表4.1にはヒツジ1頭あたりに必要な羊舎とパドックの面積および飼槽の幅を示したが，羊舎を新築または改修しようとする場合，成畜1頭あたり3.3〜4.0 m^{2}を目安とすればよい．たとえば，成雌羊10頭の繁殖を行う場合，そこから生産される子羊15頭（生産率150％）のほか，更新用育成雌羊2頭（成雌の20％）を飼育することになるが，子羊と育成雌羊にそれぞれ1頭あたり0.5 m^{2}と1.4 m^{2}を割り当てれば，成雌羊1頭あたり2.27〜2.97 m^{2}の飼育スペースが確保できる（表4.2）．ただし，実際に羊舎を建てる場合には，ヒツジの飼育スペース以外に飼料庫や作業スペース，通路などが必要となる．また，羊舎には冬期間でも日光浴や軽運動が行えるようにパドックを設置しておく必要があるが，その面積は羊舎床面積の2倍程度を目安とする．図4.2には，成雌20頭飼育における羊舎の間取りの一例を示した．

飼槽については制限給餌の場合，全頭が一斉に採食できる長さが必要である．成畜では1頭あたりの採食幅は40〜60 cmであるが，妊娠羊の場合はそ

表4.1　ヒツジ1頭あたりに必要な飼育面積と飼槽の幅

区　分	成　雄 80〜130 kg	成雌（乾乳期） 70〜90 kg	成雌（授乳期） 70〜90 kg	子羊(クリープ*) 5〜30 kg	離乳子羊 40〜50 kg
飼育面積 (m^2)					
羊舎床面積	2.7〜3.3	2.2〜3.3	2.2〜3.3	0.2〜0.5	0.8〜1.4
パドック	5.4〜6.6	4.4〜6.6	5.4〜6.6（親子）		2.2〜3.3
飼槽幅 (cm)					
制限給餌	50〜60	40〜60	40〜50	20〜30	30〜40
自由採食	10〜20	10〜25	10〜20	5〜10	5〜10

＊：クリープは授乳中の子ヒツジに飼料を給与するためのスペース．

4.2 舎飼いと放牧

表 4.2 羊舎床面積の試算（単位：m²）

区 分	頭数	プランI (33.3 m²)[*1]		プランII (40.0 m²)[*2]	
		面積／頭	計	面積／頭	計
成　雌	10	2.27	22.7	2.97	29.7
育成雌[*3]	2	1.4	2.8	1.4	2.8
子　羊[*4]	15	0.5	7.5	0.5	7.5
合　計	27		33.0		40.0

[*1]：成 1 頭あたり 3.3 m² の場合（3.3 m²×10 頭）．
[*2]：成 1 頭あたり 4.0 m² の場合（4.0 m²×10 頭）．
[*3]：更新のための育成羊は成雌羊の 20% とした．
[*4]：子羊の生産率を 150% とした．

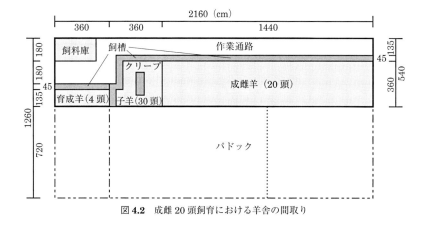

図 4.2　成雌 20 頭飼育における羊舎の間取り

の時期によって体の幅が大きく変化し，妊娠前中期では 40～50 cm でよいが，妊娠末期には 60 cm 程度は必要となる．飼槽の長さが不足すると，ヒツジは狭い隙間に無理矢理もぐり込んだり，仲間の背中に飛び乗るなど，何とかして飼料を食べようとするが，こうした行動によって腹部を圧迫すると妊娠羊では流産や早産の原因となる．また，ヒツジは配合飼料を給与した際に 1 ヶ所に留まらず，せわしなく移動しながら採食する習性があるため，移動先で飼料を食べ損ねてしまうことがないよう，飼槽はある程度の余裕を見込んだ数を用意しておく必要がある．

b. 羊舎の構造

羊舎に求められる条件として，飼育環境や作業の機能性のほか，経済的であることも重要なポイントである．ヒツジの飼育では，それほど立派な施設を作

る必要はなく,ビニールハウスや一般に倉庫として用いられるD型ハウスなども羊舎として利用できる.ただし,先にも述べたとおり換気と採光には十分配慮しなければならない.また,羊舎の内部は図4.3に示したように生産段階によってレイアウトを変更する必要があるため,柵類は簡単に移動できるものとし,羊舎自体は単純な構造であることが望ましい.

床についてはコンクリートまたは土間が一般的であるが,いずれにしてもヒツジは湿潤な状態を嫌うため,敷料を十分に入れて床を乾燥した状態に保つことが大切である.ただし,おがくずやもみがらなどの細かい敷材は羊毛の中に入り込んでしまい,羊毛が利用できなくなるため,ヒツジ用の敷料としては好ましくない.また,日本ではあまりみられないが,北欧では高床式の畜舎にす

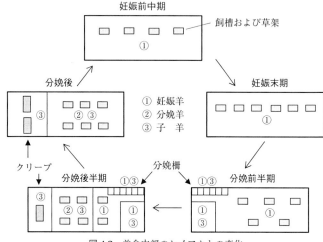

図4.3　羊舎内部のレイアウトの変化

図4.4　すのこ床の羊舎

のこ床（図 4.4）が一般的であり，このような構造では糞尿が全て床下に落下するため，敷料を用いる必要がない．

c. 羊舎内の設備

羊舎内で使用する基本的な 3 種類の柵（長柵，分娩柵，クリープ柵）を図 4.5 の①～③に示したが，これらはヒツジを舎内で飼育するうえでの必須アイテムである．長柵は飼育スペースの間仕切りや通路などに用いる柵であり，安価なヌキ板を用いて簡単に作成できる．分娩柵も長柵と同様に作成できるが，その長さは 120～180 cm とする．この柵は，数枚を組み合わせて分娩直後の母子羊を囲う単房（図 4.6）に用いるが，図 4.5 の②のように 2 枚の柵を蝶番でつないでおくと，長柵と組み合わせて間仕切りのコーナー部分の補強や簡単な扉としても利用できる．クリープ柵（図 4.5 の③）は，子羊だけが出入りできる幅 20 cm 程度の開口部を設けた柵であり，哺乳中の子羊に濃厚飼料を給

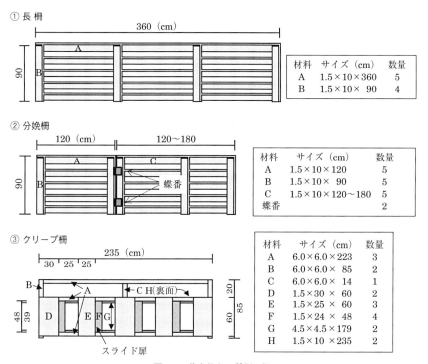

図 4.5　基本的な 3 種類の柵
①長柵，②分娩柵，③クリープ柵．

図 4.6　分娩柵の設置

与するクリープ・フィーディングに用いる．なお，開口部にはスライド式の扉を取り付けておくと，子羊をクリープ柵内に留めておくことができ，濃厚飼料への馴致や，母羊に飼料を給与する際の争奪行動に子羊が巻き込まれないための避難場所として利用できる．

　飼料を給与するための飼槽は特に決まった形があるわけではなく，羊舎の構造や飼育頭数に合わせて作ればよいが，図 4.7 に作成例を示した．図 4.7 の①は柵としての機能を兼ねた飼槽であり，飼育スペースと通路の間に固定し，通路側から乾草や濃厚飼料を給与することができる．図 4.7 の②は両側から採食できる移動式の飼槽で，頭数に応じて必要な数を飼育スペース内に設置するものである．図 4.7 の③は子羊用の飼槽であるが，クリープ柵内では濃厚飼料を自由採食させるため，飼料を糞尿で汚さないよう飼槽内に子羊が侵入しにくく，転倒しにくい構造としている．また，図 4.8（p. 48）は鋼材で作った A，B 各 2 枚の柵を組み合わせて右写真のようにロールベール乾草を丸ごと給与するための草架であるが，乾草の残り具合によって B 柵を縮めることができるため，無駄なく採食させることができる．

　羊舎内の設備として，柵類や飼槽のほかに水槽とミネラル補給のための食塩や鉱塩を入れておく器が必要である．食塩については飼料に混ぜて給与する方法もあるが，実際にヒツジが必要とする量を把握することは難しいため，自由に摂取できるよう水槽周辺に常備しておくことが望ましい（p. 48 図 4.9）．また，水槽については乾草給与時における成羊 1 頭あたりの飲水量が 4～6 L/日であることから，1 日に 3～4 回の給水で間に合う程度のバケツやタライなどの容器を頭数に応じて設置しておくとよい．

① 固定式

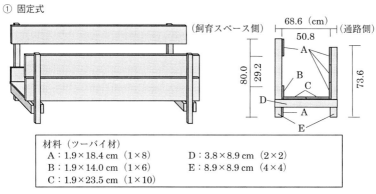

材料（ツーバイ材）
A：1.9×18.4 cm（1×8）　　D：3.8×8.9 cm（2×2）
B：1.9×14.0 cm（1×6）　　E：8.9×8.9 cm（4×4）
C：1.9×23.5 cm（1×10）

② 移動式

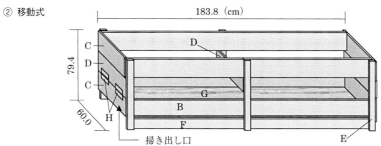

材料	サイズ（cm）	数量	材料	サイズ（cm）	数量
A	1.9×23.5×180.0（1×10）	2	E	3.8× 8.9× 79.4（2×4）	6
B	1.9×18.4×180.0（1×8）	2	F	3.8×14.0×180.0（2×6）	2
C	1.9×23.5× 60.0（1×10）	4	G	1.5×52.4×180.0（コンパネ）	1
D	1.9×18.4× 60.0（1×8）	3	H	蝶番	4

③ 子羊用

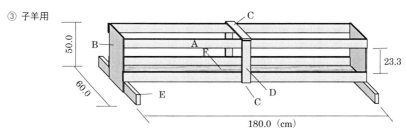

材料	サイズ（cm）	数量	材料	サイズ（cm）	数量
A	1.9× 8.9×180.0（1× 4）	2	D	1.9× 8.9× 41.1（1× 4）	2
B	1.9×23.5× 50.0（1×10）	2	E	8.9× 8.9× 60.0（2× 4）	2
C	1.9× 8.9× 27.3（1× 4）	4	G	1.5×23.5×180.0（1×10）	1

図 **4.7** 飼槽作成例
①固定式，②移動式，③子羊用．

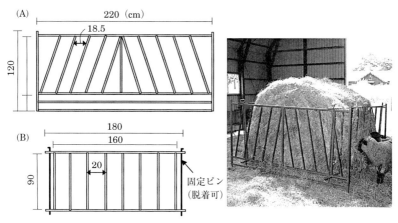

図 4.8 ロールベール草架

図 4.9 水槽と鉱塩台（舎内）

4.2.2 放　牧

a. 放牧面積と放牧方法

一般にヒツジが1年間に必要とする草地面積は，冬期間の粗飼料生産を含めて成羊10頭あたり1ha程度といわれている．したがって，半年間を放牧管理とする場合に必要な放牧面積は単純計算で50a（5a/頭）となるが，放牧地の草の状態や地形，放牧時期，あるいは放牧方法などによって実際に必要な面積は変わってくる．例えば，起伏の多い草地ではヒツジの運動量とエネルギー消費量が増加し，これに伴って採食量も増加するため，平坦な草地に比べて多くの面積が必要となる．また，牧草の生産量は草種や地域による差もあるが，季節的な変動が大きく，春にはスプリングフラッシュと呼ばれる急速な牧草の成長により，5～6月には年間生産量の約50%が生産されるが，7～8月には30～35%，9～10月は15～20%に低下する．このため，春には3～3.5

a/頭の面積でも十分な草量を確保できるが，秋には 7 a/頭程度の面積が必要となる．

　放牧の方法には連続放牧と輪換放牧がある．連続放牧は 1 ヶ所の広い草地に長期間ヒツジを放牧する方法であり，野草地などを利用する場合に行われることはあるが，人工草地ではヒツジの採食が牧草の成長に追いつかず，伸びすぎた牧草は採食されないまま無駄になるほか，過食部に裸地が生じやすく，草地の劣化を早めることとなる．一方，輪換放牧は草地をいくつかの牧区に区切って順番に放牧を行う方法であり，より効率的な牧草の利用と草地の良好な維持管理が可能となる．ただし，ヒツジは草丈 10〜15 cm の短い草を好んで食べるため，輪換放牧では牧草が伸びすぎないよう，頭数に応じた面積に牧区を区分することと，草地の状態をみながら適切に転牧（ヒツジの移動）を行うことが重要である．適正な牧区面積については，放牧日数や季節によっても異なるが，採食に 1 週間以上を要する広さでは効率的な採食は望めない．1 牧区あたりの放牧日数は 3〜4 日が適当であるが，牧区面積を小さくし，できるだけ短期間に採食させる方が牧草の利用効率が向上し，放牧面積の節約にもつながる（次頁図 4.10）．また，採食後の牧草が再び放牧可能な状態に再生するためには，春で 7〜10 日間，夏から秋にかけては 2〜3 週間を要することから，季節によって牧区面積や牧区数を調整することも必要である．

b. 放牧設備

　放牧を行うためには草地の外周を囲う外周柵と，牧区を区切るための中仕切り柵が必要となる．ヒツジの放牧ではネットフェンスや高張力綱線による電気柵が外周柵として用いられている．ネットフェンス（図 4.11）は高さ 90〜120 cm のものがヒツジ用として市販されており，非常に丈夫で脱柵の危険も少ないが，柵全体の強度を増すためには，弛まないようにしっかりと緊張をかけて張ることが重要である．中間の支柱には L 型アングルなどを利用してもよいが，コーナーやゲート部分の柱には大きな力が加わるため，鋼管や防腐処理を行った木柱を用いて，倒伏防止用の支え柱を取り付けておくことが望ましい．また，電気柵（図 4.12）の場合も架線に強い緊張をかけるため，コーナーとゲート部分には木柱を用いて，ネットフェンスと同様に補強しておく必要がある．電気柵の中間支柱には絶縁木で作られた支柱とバトンと呼ばれる架線幅を維持するための資材が用いられる．牧区を区分するための中仕切り柵に

A 連続放牧

◇連続放牧では伸びすぎた牧草が採食されずに残される.

B 輪換放牧（1牧区6日間放牧）

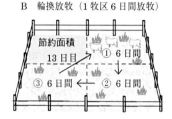

◇牧区を区切ることで草地の利用効率が向上し,放牧面積を節約できる.

C 輪換放牧（1牧区2日間放牧）

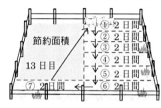

◇6日間で使用する面積はBと同じであるが,牧区を細分することによって,より少ない面積で放牧が可能.

図 4.10　放牧方法による放牧利用面積の違い

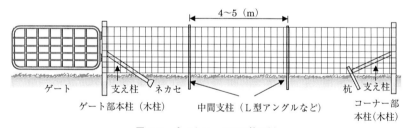

図 4.11　ネットフェンスの施工例

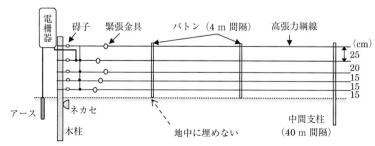

図 4.12　高張力網線を用いた電気牧柵

ついても，大まかな仕切りは外周柵と同じものでよいが，細かな仕切りには図4.13 に示した簡易電気柵が適している．この柵は通電性のある軽量のポリエチレンワイヤーを使用しており，簡単に設置や移動ができるため，頭数に応じて自由に牧区の面積を調整することができる．

　放牧管理においても舎飼と同様，水と鉱塩を自由に摂取できるようにしておく必要がある（図4.14）．放牧中のヒツジは牧草からも水分を摂取できるため，舎飼期に比べて飲水量は少なくなる傾向はあるが，暑熱時には体温調節のために冷水が必要であり，授乳中の雌羊は泌乳によって水分が奪われるため，水を欠かしてはならない．また，暑熱対策として放牧地に立木などで日陰になる場所がない場合には，図4.15のような簡単な庇蔭小屋を準備しておくとよい．

c. 放牧管理の留意点

　舎飼ではヒツジの栄養管理はすべて飼育者に委ねられるが，放牧の場合はヒツジが自由に牧草を食べて必要とする栄養を自分で摂取するため，通常は濃厚

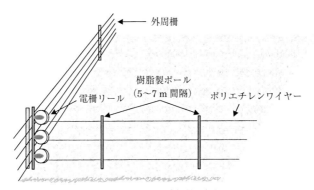

図 4.13　移動式簡易電気柵

図 4.14　水槽と鉱塩台（放牧地）

図 4.15 パイプ車庫を利用した庇陰小屋

表 4.3 牧草の生育段階による養分含量の変化（農業技術研究機構『日本標準飼料成分表（2001 年版）』）

飼料名	可消化養分総量(TDN)(％)	可消化エネルギー(DE)(Mcal/kg)	粗タンパク質(CP)(％)	粗繊維(CF)(％)
オーチャードグラス				
1番草/出穂前	68.8	3.01	17.6	25.0
1番草/出穂期	63.6	2.82	11.8	29.2
1番草/開花期	57.4	2.55	9.1	35.0
イタリアンライグラス				
1番草/出穂前	72.4	3.19	18.4	19.6
1番草/出穂期	69.9	3.07	13.7	28.1
1番草/開花期	59.4	2.63	8.3	31.8
ペレニアルライグラス				
1番草/出穂前	71.3	3.17	17.1	21.3
1番草/出穂期	69.7	3.08	10.3	27.2
1番草/開花期	57.9	2.54	9.6	29.2

飼料などを給与する必要はない．ただし，イネ科牧草は表 4.3 に示したように，生育するに従って養分含量が減少し，繊維含量の増加によって消化率が低下するため，常にヒツジが好んで食べる 10〜15 cm の短い草を十分に利用できる状況を作ってやる必要がある．そのためには適切な輪換放牧を行い，効率よくヒツジに牧草を食べさせることによって，放牧地を良好な状態に保つことが大切である．放牧地の維持管理は基本的にはヒツジの採食によって行うべきであるが，余剰草が発生した場合には，それを放置せず，ヒツジを移動した後，速やかに掃除刈りを行う必要がある．なお，舎飼から放牧管理に移行する際には，飼料の急変による下痢や鼓脹症の発生を防止するため，最初の放牧は 1

時間程度にとどめ，徐々に時間を延長しながら 5〜7 日かけて昼夜放牧に移行するとよい．

4.3　一般管理と特殊管理

4.3.1　一 般 管 理

a.　ヒツジの扱い方と観察

ヒツジを管理するうえでまずおぼえておかなくてはならないことは，ヒツジは非常に群居性が強い動物であるということである．「ヒツジ 1 頭を捕まえるよりも 100 頭を捕まえる方がたやすい」という言葉があるが，ヒツジは仲間を見失うとパニックに陥り，捕獲が困難となる．群れの中から 1 頭だけを捕まえる場合でも群れ全体を集合柵に追い込んだ方が簡単に捕まえることができる．むやみにヒツジを追い立てることは，ヒツジに恐怖心を与えることとなり，日常のさまざまな管理作業にも支障を来すこととなる．このため，ヒツジの群れの中ではヒツジに安心感を与えるよう飼育者もヒツジになったつもりで静かに行動することが大切である．

ヒツジを保定する場合は，図 4.16 のように顎を高く保つとその場で立ち止まっており，寝かせる必要がある場合には，図 4.17（次頁）のように顎を後方にひねると同時に腰を手前に引くことで簡単に倒すことができる．

また，ヒツジは病気に対して無関心な動物といわれ，体調不良を見つけることが難しい．これは野生時代に身につけた肉食動物から身を守るための防衛策の 1 つと考えられるが，ヒツジの健康を守るためには日頃から群れの中での行動や採食行動に十分注意して観察することが大切である．

図 4.16　立位での保定

図 4.17　ヒツジの倒し方

b. 剪　毛

剪毛は年に1度行う羊毛の収穫作業であるとともに，暑熱環境からヒツジを守るための管理作業でもあり，気温があまり高くならない春のうちに実施する．剪毛ハサミまたは電気バリカン（図 4.18）を用いて行うが，熟練者であれば1頭あたりハサミで約15分，電気バリカンでは5分程度で刈ることができる．図 4.19 には電気バリカンによる剪毛の手順を示した．剪毛技術を習得するためには経験を積み重ねる以外にはないが，ポイントとしては，しっかりとした保定法を身につけること，よく切れる道具を使うこと，そして皺や弛みができないようにヒツジの皮膚をしっかり張りながら順序よく刈ることである．また，剪毛時にヒツジが満腹状態にあると，苦しがって暴れるため，当日の朝は飼料を与えず水だけを飲ませておく．なお，万一ヒツジの皮膚を傷つけた場合には，剪毛後直ちにヨードチンキで消毒を行うことを忘れてはならない．ヒツジには体表や内臓（肺および肝臓）に膿瘍を形成する乾酪性リンパ節炎に罹りやすく，これは剪毛時の傷に細菌が感染して起こるため，何度も剪毛経験のある高齢のヒツジほど感染の可能性が高い．本病の感染拡大を防ぐためには，

図 4.18　剪毛の道具（左：剪毛バサミ，右：電気バリカン）

図 4.19 バリカンによる剪毛の手順

傷口の消毒を徹底するとともに，感染の可能性が低い若いヒツジから剪毛を行うべきである．

c. 剪 蹄

剪蹄とはヒツジの蹄を切る作業のことである．蹄は体の土台であり，伸ばしたまま放置すると足腰に負担がかかるだけではなく，割れた蹄に細菌が感染し，腐蹄症を引き起こす原因となる．このため，少なくとも年に3回程度は蹄を正常な形に切りそろえる必要がある．ヒツジの蹄は先端と周辺部が伸びる

図 4.20 剪蹄の方法　　　　図 4.21 剪定バサミ（園芸用）

ため，図 4.20 のようにハサミで蹄の底が平らになるように切り取る．剪蹄に用いるハサミはヒツジ用として市販されているものもあるが，園芸用の剪定バサミ（図 4.21）でも代用できる．

d. 断尾と去勢

大半の品種には長い尾があるが，ヒツジは尾の付け根の部分しか動かすことができないため，交配の邪魔になるほか，糞尿で汚れてウジが発生することもある．このため，通常は生まれてすぐか，遅くとも 2〜3 日のうちに尾にゴムリングを装着して断尾を行う．断尾の時期が遅れると激しい痛みを伴い，子羊に苦痛を与えることになるので，できるだけ早い時期に行うべきである．ゴムリングは，専用の装着器（図 4.22）を用いて尾根部から第 2-3 関節間または第 3-4 関節間に装着する．

去勢は肉質改善のために行うものであり，将来種畜として利用しない雄子羊については去勢を行った方がよい．去勢の方法は，ゴムリングまたは無血去勢器を用いる方法が一般的である．ゴムリングの場合は，通常断尾と同時に行うが，装着の際には睾丸を陰のう内に引き出す必要がある．無血去勢器による方

図 4.22 ゴムリング装着器

図 4.23　無血去勢器による去勢

法は，皮膚の上から精管精索部を 1〜2 分間圧迫することで睾丸の機能を停止させるものであり，生後 3 週齢以上の子羊に対して行う．実施にあたっては，精管精索部を片側ずつ圧迫し，陰のうへの血流を完全に遮断してしまわないよう注意が必要である（図 4.23）．

4.3.2　特 殊 管 理

a.　難産介助

難産の原因の多くは，胎子の体位異常によって起こる．正常な分娩では胎子は両前肢をそろえ，その上に頭を乗せた状態で娩出されるが，前肢や頸部の屈折や臀部から産道に進入することにより，自力で娩出できない場合がある．介助の基本は，胎子を子宮内に押し戻して，正常もしくは逆子の姿勢に整えて引き出すことであり，産道に進入してきた胎子が 1 頭であれば比較的簡単に引き出すことができる．しかし，ヒツジは 60% 程度が双子を妊娠しており，第 1 子の異常を見過ごすと，第 2 子も同時に産道内に進入し，介助が難しくなる場合がある．このため，1 次破水から 1 時間，もしくは 2 次破水から 30 分以上経過しても胎子が娩出されない場合は，異常があると判断し，介助を行う必要がある．

b.　虚弱子羊の介護

通常，子羊は生後 30 分以内に最初の吸乳に成功するが，初乳を飲むことができなければ数時間のうちに体温が低下し危険な状態に陥る．低体温症の子羊に対しては，直ちに初乳を給与することと，体を温めることが必要であるが，自力で吸乳できない場合は胃チューブを使って初乳を胃に流し込み，体を温める場合は，子羊をビニール袋に包んで体を濡らさないようにして温浴させると

図 4.24 人工哺乳器による哺乳

よい．また，その後も子羊が活発に吸乳できる状態になるまでは赤外線ランプ等で保温を行う必要がある．なお，極端に弱った子羊の場合は，20%ブドウ糖液の腹腔内注射が効果的である．

c. 人工哺育

分娩時の事故や乳房炎などで母乳を飲ませることができない子羊に対しては，人工哺育を行う必要がある．人工哺育の場合，1日あたり最大 2000 mL の代用乳を給与する必要があり，哺乳ビンでは 7～8 回に分けて哺乳を行わなければならないが，人工哺乳器（図 4.24）を用いると給与回数を 1 日 3～4 回に減らすことができ，さらに多頭数への哺乳も可能となる．ただし，人工哺乳器への馴致は生後 2 日以内に開始する必要があり，使用する代用乳は脂肪とタンパク質をそれぞれ 5% 以上含んでいなければならない．

4.4 年間飼育カレンダー

4.4.1 年間の管理

ヒツジは季節繁殖の動物であり，通常は秋に交配を行い早春に分娩する．このため，ヒツジの飼育管理には，表 4.4 に示した年間飼育カレンダーのとおり，繁殖のサイクルに対応した季節性がある．

4.4.2 管理の留意点

a. 交配

ヒツジの繁殖方法は自然交配が一般的であり，通常は 9～10 月に交配を行うが，交配に先立ち雄雌ともに十分に体調を整えておくことが重要である．特

4.4 年間飼育カレンダー

表 4.4 ヒツジの年間飼育カレンダー

管理形態		1月	2月	3月	4月	5月	6月	7月	8月	9月	10月	11月	12月
管理形態		舎飼管理			放牧管理								舎飼管理	
繁殖管理	成雄羊									←交配→			
	成雌羊	妊娠末期		授乳前期	授乳後期	乾乳・回復期			妊娠前中期			
		←分娩→				離乳・乾乳			←交配→			
		分娩準備							フラッシング*1				
育成哺育管理	育成羊				育成								
	子羊			哺育前期	哺育後期	育成						
			←出生→		離乳							
			断尾・去勢・個体識別				選抜→(肥育)					
			クリープ・フィーディング*2										
一般管理					放牧馴致							
					剪毛							
					剪蹄			剪蹄				剪蹄	
衛生管理						←－－－－内部寄生虫駆除－－－－→							
							←－－－腰麻痺予防－－－→						

*1:交配前に雌羊の栄養改善を行うこと.
*2:哺育期間中に子羊専用の餌場を設けて飼料を給与すること.

に栄養状態が低下している雌には交配 2 週間前頃から飼料を増給し,栄養改善を行う必要がある.交配前に短期的に栄養改善を行うことをフラッシングといい,受胎率と産子率の向上を目的として行う.

自然交配では,雄 1 頭で 40〜50 頭の雌への交配が可能であり,管理が良好であれば 1.5 ヶ月間の同居で 90〜95% の受胎率が得られる.

b. 妊娠期の管理

ヒツジの妊娠期間は約 5 ヶ月であるが,妊娠前中期にあたる交配から 3.5 ヶ月間は胎子の発育が緩やかであり,妊娠雌羊の太りすぎに注意しなければならない.しかし,妊娠末期 1.5 ヶ月間については,胎子が急速に発育し泌乳の準備も行われる時期であるため,適切に飼料の増給を行う必要がある.

c. 分娩

ヒツジの分娩経過は比較的短く,第 1 次破水から 10〜15 分で第 2 次破水があり,その後 15〜30 分で胎子を娩出する.分娩を終えた母子羊は 3〜7 日間を分娩柵内で管理するが,この間に子羊の断尾と個体識別および,必要に応じて去勢を行い,母子ともに健康状態に異常がなければ他の母子羊とともに群管理に移行する.

d. 授乳期の管理

分娩後1～1.5ヶ月は泌乳最盛期であり，雌羊の養分要求量が最も高い時期である．このため，授乳前期には泌乳量の増加による子羊の発育向上と母羊の健康維持のため，飼料中の栄養水準を高めなければならない．しかし，授乳後期（分娩後2ヶ月以降）には，飼料を増給しても乳量の増加は望めないため，乳量の減少に応じて栄養水準を低下させる必要がある．

e. 哺育管理

群管理に移行した子羊には，生後10～14日目頃からクリープ・フィーディングを開始する．クリープ・フィーディングとは哺乳中の子羊に専用の餌場を設けて固形飼料を給与する管理方式であり，子羊の反芻胃の発達促進と固形飼料への馴致および，母乳量の減少に伴う栄養補給を目的として行う．

f. 離乳と乾乳

子羊が日量500g程度の濃厚飼料を採食できるようになれば，母乳を飲む必要がなくなり，離乳が可能となる．一般に離乳は生後3～4ヶ月齢程度で行われるが，母羊から引き離されることは子羊にとって大きなストレスであり，一時的に増体量が減少することもある．子羊へのストレスを軽減するためには，それまで哺育を行っていた場所に子羊を留めることで環境の変化を最小限に抑え，母羊を離れた別の場所に移動するとよい．離乳後の母羊は乾乳（泌乳を停止する）しなければならないが，速やかに乾乳を行うためには，離乳1週間前から濃厚飼料の給与を中止し，その後は質の劣る乾草を与えるとよい．ただし，乾乳後には次回の交配に備えて栄養改善を行う必要がある． 〔河野博英〕

5. ヒツジの栄養

5.1 体　成　分

　分娩後の子羊は，哺育期，育成期，肥育期において体格成長と体重増加が進行し，それらはアロメトリー様相を呈することが知られている．吸乳量，飼料摂取量，飼料中の栄養素含量によって子羊の増体量は 50〜300 g/日の範囲で変動し，日増体量（DG）および月齢によってヒツジの体成分，特にタンパク質と脂質の含量［g/kg 原毛を含まない空体重（FEBW）］と体蓄積量が異なる．育成期の後半では，子羊の脂質蓄積量がタンパク質の同化量に影響を及ぼすため，体成分蓄積に及ぼす諸要因の相互関連はより複雑なものとなる．

　育成羊の DG レベルが FEBW 中のタンパク質含量と脂質含量に及ぼす効果については研究報告によってそれぞれ結果が異なる（ARC, 1980）．飼料給与量，飼料のタンパク質含量および育成羊の月齢が DG に影響を及ぼすため，DG と体成分含量，体成分蓄積量との関連は明確ではない．育成羊へのエネルギー給与水準が低い状態から高い状態に推移する場合，代償性発育がみられる．代償性発育時におけるヒツジの体成分蓄積の様相は明らかではないが，エネルギー給与水準が維持レベルであっても脂肪蓄積量が多いヒツジは蓄積脂肪の動員によってタンパク質蓄積が生じることが報告されている（Chowdhury *et al.* 1995）．この研究は，育成羊へのエネルギー給与水準の変動が代謝エネルギーの利用効率と窒素出納成績に影響を及ぼすことを実証したもので，雨季と乾季が存在する発展途上国の乾燥地帯，半乾燥地帯での粗飼料主体によるヒツジ飼養において有用な知見といえる．

　単子，双子によって異なるが，一般的に離乳後のヒツジの体重は 30〜40 kg に達する．哺育と育成期においてヒツジの体重が 10 kg から 40 kg へと増加す

るに伴い，タンパク質含量［g/kg FEBW］は 180 から 140 へ減少し，一方，脂質含量は 70 から 280 へ増加する傾向を示す．離乳後，反芻動物としての消化システム完成と運動のため，ヒツジの体重に応じた消化管組織と筋組織重量は増加するが，総エネルギー摂取量も月齢の進行，換言すれば体重増加に伴って増えることとなり，脂肪として蓄積される量がタンパク質蓄積量を凌駕するものと解される．育成羊が蓄積するタンパク質および脂質は以下の式で推定される．

$\log_{10}$ タンパク質蓄積量［kg］$= -0.60 + 0.85 \times \log_{10}$ FEBW［kg］

$\log_{10}$ 脂質蓄積量［kg］$= -2.09 + 1.93 \times \log_{10}$ FEBW［kg］

育成羊の発育に伴い，原毛生産量も増加する．育成羊の原毛としてのタンパク質生産量（NP_w［g/日］）は体タンパク質の蓄積量（NP_f［g/日］）と密接に関連し，NP_w は 1 次式 $NP_w = 3 + 0.1 \times NP_f$ で与えられる（ARC，1980）．

1 歳齢以上のヒツジについて，タンパク質と脂質の蓄積量［kg］は FEBW の常用対数値（$\log_{10}$ FEBW）との 1 次式として，係数（切片と傾き）が品種別，性別（雄，去勢，雌）に ARC（1980）の p.54（付表 1.3）に示されている．

5.2　消化と吸収，代謝

わが国ではラム肉生産をおもな目的としてヒツジが飼養されている．10ヶ月で出荷する放牧仕上げラム，4ヶ月齢で出荷するミルクラム，6 ないし 8ヶ月齢で出荷する舎飼い仕上げラムがおもな生産体系である．ミルクラム，舎飼い仕上げラム肉生産では濃厚飼料を多給し，舎飼い仕上げラムの濃厚飼料給与量は 1 kg/日に達する．雌羊の繁殖時には粗飼料と濃厚飼料を給与するが，双子を受胎している場合，濃厚飼料給与量は 500 g/日以上となる．ヒツジの生産目的に合った飼料設計を行ううえで，飼料摂取量の概算が必要となる．育成羊の場合，飼料の乾物（DM）自由摂取量（DMI［kg/日］）について，ヒツジの体重（BW［kg］）をベースとした以下の推定式が示されている（AFRC，1993）．

粗飼料主体の飼料：DMI $= (104.7\, q_m + 0.307 \times BW - 15.0) \times BW^{0.75}/1000$

濃厚飼料主体の飼料：DMI $= (150.3 - 78\, q_m - 0.408 \times BW) \times BW^{0.75}/1000$

グラスサイレージのみ：DMI $= 0.046 \times BW^{0.75}$

上式中 q_m は維持レベルにおけるエネルギー代謝率であり（5.3.1 項参照），実

際に測定することもできるが，ここでは既往の文献から適切な値を選ぶものとする．すなわち，粗飼料主体の場合，q_m は 0.4〜0.5，濃厚飼料主体の場合は 0.5〜0.7 の範囲で設定する．妊娠・泌乳中の雌羊の DMI 推定式は多く示されている．最も簡便な推定式としては 80〜85 g DM/BW$^{0.75}$ とするものと，0.026〜0.028×BW とするものが挙げられる（AFRC, 1993）．すなわち，ヒツジの乾物自由摂取量は代謝体重［kg BW$^{0.75}$］あたり 80〜85 g，あるいは体重の 2.6〜2.8％相当とする．

　ヒツジに摂取された飼料中の栄養素は反芻胃と下部消化管で消化を受け，それらの消化管からの吸収の程度によって飼料固有の消化率が示される．栄養素消化率のうち，有機物（OM）消化率（OMD［％］）はエネルギー消化率（DE/GE）と近似する．ヒツジに給与する飼料によって OMD の値は異なるが，わら類（稲わら，大麦わら）の維持レベル給与時では 50％未満と低く，チモシー乾草と濃厚飼料を 50：50 で給与した場合は 70％程度の高い値を示す．全消化管における飼料の OM 消化のうち，65％は反芻胃内発酵によるものと推定される（ARC, 1980）．反芻胃内で可消化な有機物（RDOM）摂取量は，反芻胃内微生物にとって合成・増殖に利用可能な代謝エネルギー供給量とみなすことができる．反芻家畜であるヒツジの栄養の特徴として，飼料中の粗タンパク質（CP）の反芻胃内微生物体タンパク質への形質変換が挙げられる．飼料として摂取した CP は反芻胃内微生物によって無機態のアンモニアに分解される．低分子の窒素化合物であるアンモニアは反芻胃内微生物の細胞膜から取り込まれ，微生物体タンパク質を構成するアミノ酸のアミノ基として利用される．飼料として給与される多様なタンパク源と比較すると，微生物体タンパク質のケミカルスコアは著しく高いため，宿主動物の利用率が最も高い．それゆえ，反芻胃内微生物の合成量を最大限にし得る栄養供給が必要とされる．ARC（1984）は，1 kg の RDOM 摂取あたりの微生物体窒素合成量（MBN）を総括している（p. 8, 表 2）．この数値は反芻胃内微生物の合成効率を示すものである．ヒツジの場合，ARC（1984）によると，乾草給与のみ，乾草と濃厚飼料給与，良質の生草給与時でそれぞれ，30.0, 30.8, 37.8 g MBN/kg RDOM である．過剰な CP 給与を行った場合，微生物合成に貢献しなかったアンモニアは反芻胃壁から吸収された後，グルタミンとして血流を介して肝臓に運搬され，オルニチン回路によって尿素に生合成される．日本飼養標準・肉

用牛（2008年版）では，肉用牛の場合，血中尿素の再循環によってCP要求量の15%相当が充足されるとしているが，過剰なCP供給は窒素出納成績，雌羊の繁殖成績を低下させる原因となる．ヒツジの血中尿素態窒素濃度の正常範囲は8～20 mg/100 mLであり，20 mgを超過した場合はCP過剰給与か，RDOMの給与不足と判断される．乾草給与時における微生物合成効率の上限値とされる30.0 g MBN/kg RDOMを達成するために必要な反芻胃内分解性CP（RDP）給与量の算出法を以下に示す（ヒツジの代謝エネルギー摂取量をMEI［MJ/日］とする（次節参照））．

$$\text{RDP [g/日]} = \text{MEI} \times \{1/(0.82 \times 19)\} \times 0.65 \times 30 \times 1.0 \times 6.25$$
$$= 7.82 \times \text{MEI}$$

この式の算出根拠は以下のとおりである．
- 可消化エネルギー（DE［MJ］）＝ME×0.82
- 19 MJのDEは1 kgの可消化OM（DOM）に相当
- RDOM＝0.65×DOM
- 反芻胃内で分解された無機態の窒素（N）がMBNに変換される効率＝100%
- CP＝6.25×N

5.3　養分要求量と飼養標準

わが国で最初のヒツジについての飼養標準が1996年に農林水産省農林水産技術会議事務局より出版された（日本飼養標準・めん羊（1996年版））．この飼養標準に示される養分要求量は，わが国においてサフォーク種を用いて実施した試験成績に基づいて計算されたものであり，データが不足している部分についてはNRC飼養標準（1985），ARC飼養標準（1980）および諸外国の試験成績を取り入れて設定されている．日本飼養標準・めん羊（1996年版）は，ヒツジの発育ステージ別に可消化養分総量（TDN），CP，可消化粗タンパク質（DCP）要求量が示されており，畜産学の教育と研究のみならず，わが国のヒツジ飼養農家にとっても有用なものであるが，この飼養標準は絶版になっており，残念ながら現在では入手することができない．本節では，イギリスのAFRC飼養標準（1993）に記載されているヒツジの養分要求量の算出法について紹介する．

5.3.1 エネルギー要求量

a. ヒツジの増体に要する代謝エネルギーの推定式

AFRC（1993）でのエネルギー要求量は代謝エネルギー（ME［MJ］）として示されている．1000 g の TDN は 18.4 MJ の可消化エネルギー（DE）に相当する．ME は DE に 0.82 を乗じて算出することができる．したがって 1 MJ の ME はおおよそ 66 g の TDN に相当するとして，ME から TDN に換算することができる．農業・食品産業技術総合研究機構編の日本標準飼料成分表（2009 年度版）には飼料の TDN 含量［%］と ME 含量［Mcal/kg, MJ/kg］がウシ用に示されている．表中に示されている値は，ヒツジ飼養においてもエネルギー供給の計算に用いることは実用上問題ない．

わが国の生産現場におけるヒツジのおもな飼養目的は羊肉生産である．ヒツジの維持と増体に要する ME［MJ/日］は以下の式で算出される．

$$\mathrm{ME} = 1.05 \times [(E_m/k) \times \ln\{B/(B-R-1)\}]$$

ここで，係数 1.05 は ME 要求量推定における安全率 5% を考慮に入れたものである．E_m は維持に要する正味エネルギー（NE［MJ/日］）であり，絶食時代謝量（F［MJ/日］）と活動に要するエネルギー（A［MJ/日］）の和である．式中の k と B は ME の利用効率に関するパラメータで，それぞれ以下の式で与えられる．

$$k = k_m \times \ln(k_m/k_f)$$

$$B = k_m/(k_m - k_f)$$

R は後述の正味エネルギー蓄積量（E_f［MJ/日］）を E_m で除した相対値であり，分数式 $R = E_f/E_m$ で計算される．

F についてはヒツジの年齢別の推定式によって計算を行う（BW は kg 単位）．去勢していない雄については計算された F の値に 1.15 を乗ずることが推奨されている（AFRC，1993）．

1 歳齢未満のヒツジ：$F = 0.25 \times (BW/1.08)^{0.75}$

1 歳齢以上のヒツジ：$F = 0.23 \times (BW/1.08)^{0.75}$

A はヒツジの収容状態で異なる．わが国では広大な放牧地，急峻な傾斜地で放牧飼養を行っている事例は希少であり，舎飼い時の佇立や放牧時の食草の運動に要するエネルギー量はそれほど大きなものではない．以下の 3 式で充分対応が可能である．

放牧飼養羊：$A = 0.0107 \times BW$

舎飼い子羊：$A = 0.0067 \times BW$

舎飼い妊娠羊：$A = 0.0054 \times BW$

k_m と k_f はそれぞれ，維持と増体における ME の利用効率（NE/ME）であり，以下の式で与えられる．

$k_m = 0.35\, q_m + 0.503$

$k_f = 0.78\, q_m + 0.006$

k_m と k_f の算出式中の q_m は維持レベルにおけるエネルギー代謝率（ME/GE；GE は総エネルギー）である．q_m は反芻家畜のエネルギー要求量の計算における初期設定値であるため，適正な値を設定することが非常に重要である．q_m を実測するには呼吸試験，エネルギー出納試験を実施することが必要であるが，計測機器は安価ではなく，計測には時間と労力を要するため，文献値および既往のデータに基づいて設定することとなる．粗飼料主体の給与で維持レベルで飼養する場合，q_m の値は 0.4 程度とするのが適切である．粗飼料と濃厚飼料を給与して肥育・繁殖を目的として飼養する場合，給与飼料の OM 消化率によって q_m の値は変動するが，ヒツジでは q_m の値は 0.5 から 0.6 を上限として設定するのが適切と思われる．舎飼い仕上げラム生産で，1 日 1 kg 量の濃厚飼料給与時では q_m をヒツジにおける最大値，$q_m = 0.7$ に設定する．

ここで日増体量［kg/日］の設定値を DG と表すと，増体時の E_f［MJ/日］は，以下の 3 式で示される．なお，育成羊では DG は 0.05 から 0.25 kg/日の範囲となる．

雄羊：$E_f = (2.5 + 0.35 \times BW) \times DG$

去勢羊：$E_f = (4.4 + 0.32 \times BW) \times DG$

雌羊：$E_f = (2.1 + 0.45 \times BW) \times DG$

剪毛時の原毛生産量が原物で 2.7 kg，原毛生産速度が 7 g/日程度であった場合，原毛としての正味エネルギー蓄積量は 1 日あたり 0.13 MJ と試算される．メリノ種を除き，原毛としての 1 日あたりのエネルギー蓄積量は些少であるため，生産のためのエネルギー要求量の計算においては，通常，原毛生産に要するエネルギー要求量は考慮に入れない．

b. 繁殖雌羊の生産に要する代謝エネルギーの推定式

繁殖雌羊は受胎後およそ 150 日の妊娠期間を経て，子羊を分娩する．健常

な子羊の分娩および，妊娠中の ME 供給不足による妊娠中毒症（双胎病）を予防するために，繁殖雌羊の維持と胎児発育に要する ME を充足することが必須とされる．妊娠時における繁殖雌羊の ME 要求量［MJ/日］は以下の式で算出される．

$$ME = 1.05 \times C_L \{(E_m/k_m) + (E_c/k_c)\}$$

ただし　$C_L = 1 + 0.018(L - 1)$

E_c［MJ/日］
$= 0.25 \times BWL \times E_t \times 0.07372 \times e^{-0.00643 \times d}$

E_t［MJ］$= 10^{\{3.322 - 4.979 \times \exp(-0.00643 \times d)\}}$

$k_c = 0.133$

ここで，L は給与レベルが維持量の何倍相当かを示す相対値，E_c は胎児の発育に伴うエネルギー蓄積量，E_t は任意の受胎後日数における胎児のエネルギー蓄積量，d は受胎後日数，BWL は出生子羊の予測体重（双子の場合は合計体重），k_c は胎児発育における ME の利用率である．

分娩後の雌羊は 3ヶ月程度泌乳し，子羊を哺育する．泌乳期間は母羊の維持と乳生産に要する ME を充足しなければ，乳生産のために体組織の動員が生じ，母羊の損耗の程度が大きい場合は次回の繁殖成績にも影響を及ぼす．泌乳時における母羊の ME 要求量［MJ/日］は以下の式で算出される．

$$ME = 1.05 \times C_L \{(E_m/k_m) + (E_L/k_L)\}$$

E_L［MJ/日］$= 4.7$［MJ/kg］$\times$ 泌乳量［kg/日］

$k_L = 0.35 q_m + 0.420$

ここで，E_L は生産された羊乳の正味エネルギー，k_L は乳生産の ME 利用効率（E_L/ME）を示す．ヒツジの泌乳量は品種，産子数，泌乳期間によって異なる．平坦地で飼養されるヒツジにおいて，単子の場合は分娩後から分娩後 3ヶ月までに 2.0 から 1.0 kg 程度，双子の場合は 3.0 から 1.5 kg 程度に漸減すると示されている（AFRC, 1993）．泌乳時の q_m については，母羊に給与する飼料の ME 含量を参考とし，泌乳最盛期は 0.6，乾乳期は 0.4 の値に設定するのが適切である．

c. ヒツジの維持に要する代謝エネルギーの推定式

成熟した種雄羊の飼養のほかに，研究目的のためにヒツジを維持レベルで飼養する場合がある．維持レベルでの飼養では生命維持に要する最小限の ME

を供給することとなるが，ME要求量（MJ/日）は安全率5%を考慮に入れて，$ME = 1.05 \times (E_m/k_m)$として求めることが推奨されている．

5.3.2 タンパク質要求量

AFRC（1993）でのタンパク質要求量は代謝性タンパク質（MP [g/日]）として示される．MPは反芻家畜の下部消化管から吸収され，代謝に利用可能な純タンパク質（TP）であり，可消化な微生物体純タンパク質（DMTP）と可消化な非分解性の飼料粗タンパク質（DUP）の和である．現在，欧米でのヒツジ生産におけるタンパク質要求量は，CPおよびDCPではなくMPとして計算される．したがって，ヒツジ生産において適正なMPを供給するため，給与飼料のCP含量のみではMP供給量推定の飼料側データとしては不充分であり，飼料原料に含まれるCPの反芻胃内分解パラメータが既知であることが必須要件となる．

a. 代謝性タンパク質供給量の推定式

飼料由来の粗タンパク質摂取量（CPI [g/日]）からMP供給量 [g/日] を算出する過程を以下に略述する．

MP = DMTP + DUP
　　DMTP = 微生物体のCP生産量（MCP）× 0.75 × 0.85
　　MCP = 反芻胃内微生物が利用可能なCPI（ERDP）
　　ERDP = 微生物が利用可能な易分解性のCPI（QDP）
　　　　　＋難分解性のCPI（SDP）
　QDP = 0.8 × (a × CPI × 0.01)
　SDP = CPI × {(b × kd)/(kd + kp)} × 0.01
　DUP = {CPI − (QDP/0.8) − SDP} × 0.85

ここで，DMTP算出式中の0.75は微生物体窒素から核酸体窒素を除外する係数である．DMTPとDUP算出式中の0.85は，小腸でのTP消化率である．a, bおよびkdは飼料CPの反芻胃内分解パラメータであり，それぞれ，反芻胃内で可溶性のCP [%]，分解可能な不溶性のCP [%]，b分画の反芻胃内分解速度定数 [%/時間] を示す．飼料の反芻胃内滞留時間をt [時間] とすると，飼料CPの反芻胃内分解割合 [%] は指数式 $a + b \times (1 + e^{-kd \times t})$ で推定される（Ørskov & McDonald, 1979）．農業・食品産業技術総合研究機構編の日

本標準飼料成分表（2009 年度版）の p. 209～213（別表（3））に，わが国で入手可能な反芻家畜飼料の CP 分解パラメータが示されている．kp は摂取飼料の反芻胃内通過速度定数［%/時間］である．kp の実測は測定マーカーを投与し，マーカーの糞中排泄パターンの解析によって行うが，kp の値を得るまでにかなりの時間を要する．kp については，維持レベル，維持の 2 倍未満，維持の 2 倍以上の給与レベルにおいて，それぞれ，2%/時間，5%/時間，8%/時間を準用することが推奨されている（AFRC, 1993）．ヒツジへの飼料給与レベルが維持要求量の何倍に相当するか（L）についての値が得られるならば，以下の指数式（AFRC, 1993）によって反芻胃内通過速度定数を算出することができる．

$$kp = -0.024 + 0.179 \times \{1 - e^{-0.278 \times L}\}$$

すでに述べたように，AFRC（1993）では MP としてヒツジのタンパク質要求量が示される．ヒツジの飼料設計において 1 日あたり MP 供給量を計算するためには，DMTP および DUP 供給量について給与飼料原料別に計算する必要がある．日本飼養標準・肉用牛（2009 年度版）の p. 146～147 に MP から CP 要求量への変換法について記述されている．この日本飼養標準・肉用牛（2009 年度版）は NRC（2000）に準拠し，代謝性糞中窒素排泄量と，尿素としての再循環 CP の貢献を MP 要求量の算出に取り入れており，ヒツジにおいて AFRC（1993）に基づく MP 要求量から CP 要求量への換算方法とまったく同一の計算ではない．

b. 維持と生産に要する代謝性タンパク質量の推定式

ヒツジの維持と生産に要する MP［g/日］は，維持に要する MP（MP_m）と増体に要する MP（MP_f），原毛生産に要する MP（MP_w）の和である．繁殖雌羊では，妊娠時の胎児発育に要する MP（MP_c）と泌乳に要する MP（MP_L）が加わる．MP_m は維持レベルでの内因性窒素排泄量が代謝体重あたり 350 mg であるとし，係数 6.25 を乗じて算出する．また成緬羊において，原毛生産は維持に要する仕事の一部とみなし，剪毛時の原毛量 2.6 kg に要する MP（20.4 g/日）を加算して MP_m としている．5.1 節ですでに述べたが，1 歳齢未満の育成羊においては，原毛生産量は DG と比例して増加することから，AFRC（1993）では育成羊については MP_f と MP_w の和として MP 要求量の計算式が示されている．以下に MP 要求量の推定式を示す．なお ME 要求量

の計算と同様に，MP要求量においても安全率5%を設けることがAFRC (1993) で推奨されている．

- 1歳齢以上： 原毛生産を含む $MP_m [g/日] = 2.1875 \times BW^{0.75} + 20.4$
- 1歳齢未満： $MP_m [g/日] = 2.1875 \times BW^{0.75}$
- 育成雄と去勢：

$$MP_f + MP_w [g/日]$$
$$= DG \times (334 - 2.54 \times BW + 0.022 \times BW^2) + 11.5$$

- 育成雌： $MP_f + MP_w [g/日]$
$$= DG \times (325 - 4.03 \times BW + 0.036 \times BW^2) + 11.5$$

$$MP_c (g/日) = 0.25 \times BWL \times 0.079 \times TP \times e^{-0.00601 \times d}$$
$$TP（胎児のCP重量）= 10^{\{4.928 - 4.873 \times \exp(-0.00601 \times d)\}}$$
$$MP_L [g/kg 羊乳生産] = 71.9$$

ここで，dは受胎後日数，BWLは出生子羊の予測体重（双子の場合は合計体重）である．

5.3.3 付　　表

現在，わが国で出版されたヒツジ用の飼養標準が現在では入手できないため，外国の飼養標準を用いてエネルギーとタンパク質要求量を計算せざるを得ない．AFRC (1993) に準拠し，雌子羊の維持と増体に要するMEとMPを

表5.1 雌子羊の維持と増体に要する代謝エネルギー（ME；MJ/日）と代謝性タンパク質（MP；g/日）（AFRC, 1993）

q_m*	日増体 (g/日)	20 kg		30 kg		40 kg		50 kg	
		ME	MP	ME	MP	ME	MP	ME	MP
0.5	0	3.7	34	5.0	42	6.2	49	7.4	55
	50	4.9	47	6.8	54	8.5	60	10.2	66
	100	6.4	61	8.9	66	11.3	72	13.7	78
	150	8.4	75	11.7	79	15.1	83	18.4	89
	200	11.2	88	15.8	91	20.6	95	25.6	100
0.6	0	3.5	34	4.8	42	5.9	49	7.0	55
	50	4.6	47	6.3	54	7.9	60	9.4	66
	100	5.8	61	8.0	66	10.1	72	12.2	78
	150	7.2	75	10.0	79	12.8	83	15.5	89
	200	9.0	88	12.5	91	16.1	95	19.7	100

*：維持レベルにおけるエネルギー代謝率（ME/GE，GEは総エネルギー）．

表5.1，去勢子羊の維持と増体に要する ME と MP を表5.2，雄子羊の維持と増体に要する ME と MP を表5.3，妊娠雌羊の ME と MP 要求量を表5.4に示した．表中の数値はいずれも本項で記載した計算式によって計算したものである．ME 要求量の計算において，育成羊については q_m を 0.5 および 0.6 に設定し，妊娠雌羊については q_m を 0.6 に設定した． 〔一戸俊義〕

表 5.2 去勢子羊の維持と増体に要する ME（MJ/日）と MP（g/日）（AFRC, 1993）

q_m	日増体 (g/日)	20 kg		30 kg		40 kg		50 kg	
		ME	MP	ME	MP	ME	MP	ME	MP
0.5	0	3.7	34	5.0	42	6.2	49	7.4	55
	50	4.9	49	6.6	56	8.1	63	9.7	69
	100	6.3	64	8.4	71	10.4	77	12.4	83
	150	8.2	80	10.8	85	13.3	91	15.8	97
	200	10.8	95	13.9	100	17.1	105	20.3	110
0.6	0	3.5	34	4.8	42	5.9	49	7.0	55
	50	4.5	49	6.1	56	7.6	63	9.0	69
	100	5.7	64	7.6	71	9.4	77	11.2	83
	150	7.1	80	9.4	85	11.6	91	13.8	97
	200	8.7	95	11.4	100	14.1	105	16.7	110

ME, MP, q_m については表5.1を参照．

表 5.3 雄子羊の維持と増体に要する ME（MJ/日）と MP（g/日）（AFRC, 1993）

q_m	日増体 (g/日)	20 kg		30 kg		40 kg		50 kg	
		ME	MP	ME	MP	ME	MP	ME	MP
0.5	0	4.2	34	5.7	42	7.1	49	8.4	55
	50	5.2	49	7.1	56	8.9	63	10.6	69
	100	6.4	64	8.8	71	11.0	77	13.2	83
	150	7.8	80	10.7	85	13.5	91	16.2	97
	200	9.6	95	13.1	100	16.6	105	20.0	110
0.6	0	4.0	34	5.4	42	6.8	49	8.0	55
	50	4.9	49	6.7	56	8.3	63	9.9	69
	100	5.9	64	8.0	71	10.1	77	12.0	83
	150	7.0	80	9.5	85	12.0	91	14.4	97
	200	8.2	95	11.3	100	14.2	105	17.1	110

ME, MP, q_m については表5.1を参照．

表 5.4　妊娠雌羊の ME（MJ/日）と MP（g/日）要求量（AFRC, 1993）

母体重 (kg)	受胎	BWL* (kg)	14 週		16 週		20 週	
			ME	MP	ME	MP	ME	MP
40	単子	3.3	6.6	64	7.3	68	9.4	78
40	双子	5.4	7.4	68	8.5	74	12.0	90
50	単子	3.9	7.9	72	8.7	76	11.1	88
50	双子	6.4	8.8	77	10.1	83	14.3	103
60	単子	4.5	9.1	80	10.0	84	12.8	98
60	双子	7.3	10.1	85	11.6	92	16.3	115

＊：出生子羊の予測体重（双子の場合は 2 頭の合計）．
q_m＝0.6 として計算した．単子，双子を妊娠時の L 値は，14 週でそれぞれ 1.3 と 1.4，16 週で 1.4 と 1.6，20 週で 1.8 と 2.3 とした．

引用・参考文献

Agricultural and Food Research Council (AFRC) (1993): *Energy and Protein Requirements of Ruminants*, CAB International.
Agriculture Research Council (ARC) (1980): *The Nutrient Requirements of Ruminant Livestock*, Commonwealth Agricultural Bureaux.
ARC (1984): *The Nutrient Requirements of Ruminant Livestock. Supplement No. 1*, Commonwealth Agricultural Bureaux.
Chowdhury, S.A., et al. (1995): Protein utilisation during energy undernutrition in sheep sustained on intragastric infusion: effect of changing energy supply on protein utilisation. *Small Ruminant Res.*, **18**: 219-226.
National Research Council (NRC) (1985): *Nutrient Requirements of Sheep. 6th edn.*, National Academy Press.
NRC (2000): *Nutrient Requirements of Beef Cattle. 7th edn.*, National Academy Press.
農業・食品産業技術総合研究機構 (2009)：日本飼養標準・肉用牛（2008 年版），中央畜産会．
農業・食品産業技術総合研究機構 (2009)：日本標準飼料成分表（2009 年版），中央畜産会．
農林水産省農林水産技術会議事務局 (1996)：日本飼養標準・めん羊（1996 年版），中央畜産会．
Ørskov, E.R., McDonald, I. (1979): The estimation of protein degradability in the rumen from incubation measurements weighted according to rate of passage. *J. Agric. Sci. (Camb.)*, **92**: 499-503.

6. ヒツジの飼料

6.1 飼料の種類

　牧草やわら類のように一般に繊維含量が多く，かさ（容積）が大きく，可消化の養分量が少ない飼料を粗飼料という．反対に，繊維含量が少なく，かさが小さく，可消化の養分量が多い飼料を濃厚飼料と呼んでいる．粗繊維含量が18％以上のものを粗飼料という場合もある．しかし，このような分類は，習慣的・便宜的なものであり，トウモロコシホールクロップサイレージでは，穀実も含んでいることから乾物中の可消化養分総量（TDN）含量が67％もあり，粗飼料と濃厚飼料の双方の性質を有している．同様に，テンサイの搾汁残さであるビートパルプは，粗繊維含量が乾物中に20％もあり，粗飼料と濃厚飼料の中間的な性質といえる．本節では，トウモロコシ等のホールクロップサイレージは粗飼料に，ビートパルプ等の繊維質の多い粕類については濃厚飼料に分類した．

　なお，ヒツジでは，良質の粗飼料だけで十分に飼養することが可能である．したがって，飼料を準備するにあたっては，粗飼料の質と量を第一義的に考えるべきであり，本節では，粗飼料を主体に取り上げ，濃厚飼料をその補助的な飼料として扱うこととした．

6.1.1 粗飼料
a. 寒地型イネ科牧草
　わが国で利用されている寒地型イネ科牧草では，イタリアンライグラス，チモシー，オーチャードグラス，ペレニアルライグラス，トールフェスク等の草種が代表的である．

(1) イタリアンライグラス

イタリアンライグラスは，1〜2年生牧草で，初期生育が早く，低温下での生長に優れることから，おもに本州以南において秋播き，春収穫として利用されている．水田の裏作としても利用される．しかし，耐寒性は強くないので，北海道では越冬できない．夏の高温期には，通常の品種は枯死するが，一部に越夏性の品種もあり，2〜3年間生育を続ける．さらに，硝酸態窒素やカリウムの蓄積が少ない品種も作出されている．

(2) チモシー

チモシーは，耐寒性に優れた多年生牧草で，北海道や本州の標高1000 m以上の高冷地で利用されている．しかし，乾燥に弱く，高温，干ばつが起こりやすい土地には適さない．他のイネ科牧草との競争力は弱いが，マメ科牧草との混播は可能であり，特に乾草生産用草地でアカクローバとの混播に適している．

(3) オーチャードグラス

オーチャードグラスは，耐陰性に優れ，果樹園の下草などでも利用される（orchardは英語で果樹園の意）．採草，放牧の兼用が可能な多年生牧草で，寒地型牧草の中で耐寒性が中程度であり，北海道，東北および本州〜九州の夏季冷涼な高標高地が適している．

(4) ペレニアルライグラス

ペレニアルライグラスは，初期生育の良い多年生の牧草で，イタリアンライグラスに比べると葉と茎が細く，葉の裏側がワックス質により光沢がある．耐寒性に優れるが高温と乾燥に弱く，北海道で土壌凍結の少ない天北，道南地方および東北〜中部の高冷地に適する．家畜の嗜好性，栄養価，耐蹄傷性に優れ，おもに放牧草地に利用される．

(5) トールフェスク

トールフェスクは，耐病性，耐暑性に優れた多年生牧草で，北海道南部，東北から九州にかけて利用されている．葉がやや粗剛で，他の寒地型イネ科牧草に比べると飼料成分や乾物消化率がやや劣る．そのため，寒地型牧草が夏に生育停滞を起こすような地帯で放牧利用されることが多い．

(6) その他の草種

メドウフェスクは，トールフェスクに類似した多年生牧草で，トールフェス

クほど粗剛ではなく，嗜好性が良好で放牧用を主体に利用されている．フェスク類とライグラス類の属間雑種のフェストロリウムは，その交配種の違いにより，フェスク類に近いものからライグラス類に近いものまでいくつかの品種が作出されている．リードカナリーグラスは，耐暑性に優れた多年生牧草で，北陸地方などで多く利用されている．これまでは，リードカナリーグラスに含まれるアルカロイドが原因で嗜好性の低下がみられたが，近年では低アルカロイドの品種の利用が進んでいる．ケンタッキーブルーグラスは，地下茎で広がる多年生牧草で，放牧草地に適している．

(7) 寒地型イネ科牧草の利用上の留意点

これらの牧草は，生育ステージの変化に伴う飼料組成，消化率，栄養価の変動が大きい．オーチャードグラス 1 番草の場合，中性デタージェント繊維（NDF）の含量は，出穂前で 53.4%，出穂期で 59.0%，開花期で 66.5%，結実期で 67.3% と増加する．生育の進展に伴う NDF 含量の増加は，相対的に粗タンパク質，糖類等の細胞内容物質の低下を招く．さらに，繊維の中でも高消化性繊維の占める割合がしだいに減少するので，消化性が低下し栄養価（TDN 含量）が減少する（図 6.1）．したがって，良質な粗飼料を利用するには，このような飼料成分，栄養価の変化を念頭に適期収穫を行い，遅くとも開花期には収穫する．放牧では，飼料成分，栄養価の変化はやや緩慢となるものの，結実期になると極端に栄養価が低下することから，放牧圧の調節や掃除刈りによって，結実させないようにすることが肝要である．表 6.1 におもな草種の飼料成分の違いを示した．

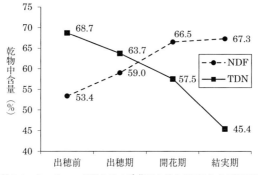

図 6.1 オーチャードグラス 1 番草における NDF および TDN 含量の推移（日本標準飼料成分表（2009 年版））

表 6.1 おもな飼料用草種(生草)の飼料成分,栄養価の比較(乾物中%)(日本標準飼料成分表(2009年版))

草　種	番草・生育ステージ	CP[*1] (%)	NFE[*2] (%)	NDF[*3] (%)	カルシウム(%)	リン(%)	TDN[*4] (%)
オーチャードグラス	1番草・開花期	9.1	44.1	66.5	0.42	0.32	57.5
イタリアンライグラス	1番草・開花期	8.3	48.8	62.2	0.50	0.32	59.5
ローズグラス	1番草・開花期	12.2	41.3	64.0	0.51	0.32	61.5
アルファルファ	1番草・開花期	17.7	39.1	46.4	1.65	0.27	60.7
トウモロコシ	黄熟期	7.7	61.3	48.3	0.18	0.28	70.5
スーダングラス	1番草・出穂期	10.7	41.6	65.5	0.34	0.26	61.7
エンバク	1番草・開花期	9.7	44.9	65.4	0.37	0.30	63.6
飼料イネ	飼料用品種・黄熟期	6.5	53.5	48.3	0.21	0.19	―
ススキ	出穂期	8.0	48.9	―	0.23	0.10	53.4
シバ	―	10.2	48.4	―	0.27	0.22	―

[*1]:粗タンパク質, [*2]:可溶無窒素物, [*3]:中性デタージェント繊維, [*4]:可消化養分総量.

b. 暖地型イネ科牧草

暖地型イネ科牧草は,光合成機能の面では C_4 植物であり,生化学的,形態的に多様な変異があり,草種も多様である.東北以南の地域では,一般に梅雨明け後の高温と干ばつにより,イタリアンライグラス等の寒地型イネ科牧草の生育が停滞し,枯死する場合もあるが,暖地型イネ科牧草は,温度が高いほど生育旺盛であり,収穫も梅雨以降となるため,計画的な飼料生産が期待できる.また,暖地型イネ科牧草はほとんど鳥獣の被害を受けないので,獣害が問題となる山間地でも利用可能である.

暖地型イネ科牧草は,寒地型に比べると生育が早いものの繊維質が多く,その繊維の消化性もやや低いことから,一般的に栄養価はやや低い.

わが国で利用されている暖地型イネ科牧草では,ローズグラス,ギニアグラス,カラードギニアグラス,バヒアグラス,ネピアグラス等がある.

(1) ローズグラス

日本で最も多く使われている暖地型牧草で,茎葉が細く,乾きが早いので,乾草生産用に適している.独特の臭気があり,最初は嗜好性に劣るが慣れにより食べるようになる.刈り遅れると地際や匍匐茎が硬くなって嗜好性や消化性が低下するため,なるべく出穂期までに収穫する.

(2) ギニアグラス

肥沃で水はけの良い畑で多収な暖地型牧草で,大別すると,生育が早く草丈

も高い大型の品種と，やや生育は緩慢で小型だが再生力に優れる2タイプがある．前者は再生力が弱いので年1回刈り利用が主体で，後者は沖縄などでの永年利用に適している．

(3) カラードギニアグラス

耐湿性の強い暖地型牧草で，外見上はギニアグラスに似ているが，別種である．ローズグラスより湿害に強く，水はけの悪い水田転換畑での利用に適し，嗜好性もローズグラスより良いとされている．

(4) バヒアグラス

匍匐型の草種で，深根性で太くて短い地上茎および地下茎で伸長し，密な草地を形成する．蹄傷抵抗性，耐乾性が高く，放牧利用に適している．

(5) ネピアグラス

直立の草型で，形状はサトウキビに似ており，生草収量で20〜30 t/10 a にも達する．熱帯，亜熱帯が原産で，わが国では沖縄と鹿児島の一部で栽培されている．

(6) その他の暖地型イネ科牧草

耕作放棄地を活用した放牧等では，シバ型草種のセンチピードグラス，カーペットグラスが利用されている．また，最近では，収量が多く嗜好性，栄養価も良好なディジットグラス（品種：トランスバーラ），パリセードグラスなどが沖縄を中心に栽培されている．

c. マメ科牧草

わが国で栽培，利用されている主要なマメ科牧草は，アルファルファ，アカクローバ，シロクローバである．

マメ科牧草はイネ科牧草に比較して粗タンパク質含量が多く，刈取り適期の開花初期〜開花期で18％前後になる．また，カルシウムやマグネシウムといったミネラル含量が高く，pHに対するバッファー効果が高く，ルーメンの恒常性維持に役立つことから，反芻家畜にとって有用な飼料となる．

(1) アルファルファ

アルファルファは，栄養価は中庸であるもの，嗜好性に優れ，反芻胃の恒常性および消化速度の速さによる高乾物摂取量の維持に役立つことから「牧草の女王」と呼ばれる．しかし，アルファルファは酸性土壌に弱く，収穫時に乾燥により脱葉するなど栽培方法や調製方法が比較的難しいことから栽培地域が限

定されていた．しかし，最近では品種改良によって栽培地域を広げることが可能になり，また，アルファルファに使える除草剤が開発され，ギシギシ等を選択的に除草できるようになった．

（2）アカクローバ

アカクローバは栽培しやすく，イネ科牧草との混播相手として幅広く利用できるが，比較的生育が旺盛なため，チモシーと混播した場合チモシーの生育を抑圧することがある．そのため，播種量は 0.3 kg/10 a 以下に抑える．

（3）シロクローバ

シロクローバは地上匍匐茎によって広がる特性をもち，マメ科牧草のなかでは草丈が特に低く，大きく収量に貢献することはないが，裸地化の予防と混播によって粗飼料のミネラル含量を高めることができ，おもに放牧草地で利用されている．かつての品種では，シロクローバに含まれるタンパク質，サポニン，ペクチンなどがルーメン内での泡沫形成を助長するため，シロクローバが優先した草地において鼓脹症の発生がみられたが，最近の品種では，鼓脹症の発生リスクはきわめて低い．

d. 飼料作物

飼料作物は，家畜・家禽の飼料とするため栽培された植物の総称であるが，ここでは牧草類を除く，おもに食用作物を起源とする飼料用の作物を指すこととする．わが国で栽培・利用されているおもな飼料作物は，トウモロコシ，ソルガム，スーダングラス，ヒエ類，ムギ類，飼料イネである．

（1）トウモロコシ

トウモロコシは，乾物収量が 2〜2.5 t/10 a と多収で，栄養価が乾物中 TDN 含量で 70% と高く，わが国でも自給飼料の基幹となる作物である．かつては青刈りでも利用されたが，現在は穀実と茎葉の植物体全体を利用したホールクロップサイレージで利用される．収穫適期は，TDN 収量とサイレージ調製に適した水分含量の関係から黄熟期とされる．これは，子実を爪で割って汁が出ない時期で，子実の上の方の黄色い部分と基部の乳白色の部分の境界線（ミルクライン）が子実の中央付近まで進んだ時期に該当する．また，この時期を過ぎると子実の消化性が極端に低下するため，大面積圃場用に利用される大型のコーンハーベスタでは，コーンクラッシャーという機械を装着することで，子実を破砕し，高い消化性を維持している．さらに，このコーンクラッシャーを

用いることで，雌穂の軸が消化可能となり，詰め込み密度確保のための細断も不要となり，粗飼料に求められる物理性も確保できる．

品種の選定では，栄養価，収量，台風害の予想される地域では耐倒伏性，寒冷地では低温発芽・伸張性，水田転換畑では耐湿性などを考慮して，総合的に決定する．

(2) ソルガム，スーダングラス

ソルガム，スーダングラスともにソルガム属の植物で，前者はおもにホールクロップサイレージ用に改良され，後者は茎葉主体に改良され，再生力に優れており牧草として多回刈りで利用されている．

ソルガムは，トウモロコシに比べ高温に適し，耐乾性，耐湿性，耐倒伏性および再生力が強い．台風の常襲地や排水不良地，獣害発生地などでトウモロコシを補完する目的で作られることが多い．

(3) ヒエ類

食用ヒエ（栽培ヒエ），シコクビエのほかミレットという名でも販売されている．野生のヒエと異なり，種子の脱粒性，休眠性がなく，雑草化しない．冷害，旱害，土壌酸性などの各種不良環境に強く，排水の悪い転換畑や耕作放棄地などで利用されることが多い．

(4) ムギ類

わが国で飼料として利用されるおもなムギ類は，エンバク，ライムギ，オオムギ，コムギである．

エンバクは茎葉がよく繁茂し，飼料として品質が良好で，栽培が容易であることから，関東以西特に九州南部においてムギ類の中で最も多く栽培されている．温暖地では秋播き年内刈りが可能で，線虫抑制効果のある品種が開発され，線虫害の多い地域ではクリーニングクロップとしても利用される．

ライムギは，耐寒性が強く高冷地や開墾地などに適する．出穂期以降の茎葉の硬化が早く，嗜好性，消化率がすみやかに低下する．

オオムギ，コムギは，飼料用イネの裏作としての利用が始まっている．コムギの方が粘土質を好み，耐湿性がやや強いので，圃場の排水性によって草種を選定する．

(5) 飼料イネ

飼料イネは，飼料用に栽培されたイネで，多くが稲発酵粗飼料（イネホール

クロップサイレージ）に調製される．また，飼料イネと飼料米の総称は，飼料用イネと表記する．飼料イネは，国内で生産される安全・安心な飼料として，また，水田の多面的機能の保持などの重要な意義があり，水田政策の転換とともに作付面積を拡大している．

飼料成分としては，寒地型イネ科牧草に比べ，子実のでんぷんなどが含まれるため NFE（可溶性無窒素物）がやや多めで，粗タンパク質，繊維成分がやや少ない．しかし，繊維は粗剛で，物理性は十分にあり，栄養的に中庸な粗飼料として利用できる．トウモロコシと同様に黄熟期を過ぎると極端に子実の消化性が低下するため，適期収穫が重要となる．近年では，子実が少なく子実に送るべき糖類を茎葉に貯蔵した茎葉重視型の「たちすずか」等の品種が開発され，幅広い収穫適期で消化性・栄養価が良好で高品質なサイレージ調製が可能になっている．

e. 野　草

山野，堤，畦畔などに自生する草類で，わが国で利用されているおもな野草は，ススキ，シバ，ササ，クズなどである．一般に牧草類に比べると粗剛で，消化性がやや劣るが，肉用や育成の反芻家畜には繊維源として十分に活用できる．また，河川敷，野草地化した耕作放棄地，山林，飛行場など，潜在的賦存量は大きい．利用に際しては，6.4 節で述べる有害植物の混入に注意する．

● 6.1.2　濃厚飼料

濃厚飼料は，一般に粗飼料で不足しがちなエネルギー，タンパク質，脂質などを補給するために用いられ，栄養価，嗜好性に優れる．代表的なエネルギー源としては，トウモロコシ，マイロ，オオムギ，飼料米などの穀類や，サツマイモ，ジャガイモなどのイモ類がある．これらは，デンプンを多く含んでおり，エネルギーの供給に好適であるが，反芻家畜に給与する場合は，反芻胃（ルーメン）の中で早く分解され，ルーメン pH の低下（アシドーシス）を招くことがあるので，給与量の制限や，完全混合飼料（TMR：total mixed ration）で給与するなど，それのみを選択的に多量に採食させない給与方法が必要となる．ダイズなどの豆類は，タンパク質とエネルギーの供給源となる．ただし，トリプシンインヒビターなどの飼料として不良な因子も含むため，これらを失活させる加熱処理をしたものを用いる．綿実などの油実類は，脂質を多く含

み，エネルギーの供給源となり，乳脂率の向上に寄与する．ただし，給与量が多いとルーメン内の細菌に悪影響を及ぼすため，飼料中の脂肪含量として5％以下が推奨される．

6.1.3 エコフィード，地域未利用資源

エコフィード（食品循環資源）とは，食品残さを原料として作られた家畜用飼料のことで，輸入依存度の高い濃厚飼料の一部を，食品資源を再利用して賄うことで，飼料自給率の向上が見込まれている．「エコフィード」は，エコロジカル（環境にやさしい）やエコノミカル（節約する）のエコ（eco）と，飼料（feed）からなる造語である．通常は濃厚飼料に分類するが，注目度の高い飼料であることから，本稿では別項とした．

わが国で利用されている主要なエコフィードの中で，タンパク質源となる飼料は，大豆粕，ナタネ粕，ヒマワリ粕などで，これらは搾油後で脂肪分が少ない．一方，同じタンパク質源でも醤油粕，豆腐粕，ビール粕は脂肪を多く含んでいる．エネルギー型飼料では，デンプンや糖類を多く含むデンプン粕，ジュース粕，焼酎粕，麦茶粕などがあり，油脂を含むものとして，米ぬか，綿実粕などがある．また，エタノール抽出残さの DDGS（distiller's dried grains with solubles）もタンパク質や脂肪を多く含んでいる．

エコフィード以外にも，農産残さとして，ニンジン等の根菜類，キャベツやケール等の葉物野菜，ナガイモ，サツマイモ茎葉，キノコ菌床，タケノコ皮，柑橘類の皮，剪定枝や茶殻など多種多様な資源が飼料化されている．地域内には未利用の飼料資源が多くあると考えられ，堆肥交換などによる地域内での有機性資源の循環が求められている．

6.2 飼料の調製・加工・貯蔵・給与

生産された飼料は，家畜に好んで採食され養分を供給するだけでなく，利用性，貯蔵性に優れ，取扱いが容易で，ときには流通にも適する必要がある．

6.2.1 放　　牧

放牧のメリットは，家畜が要求量を満たすだけ牧草類を採食し，十分な日光

浴と運動ができ，コストの低減を図れることである．反面，牧草の季節生産性に伴う養分の過不足，疾病・害虫のリスク，不食過繁地（家畜が糞の臭気等のために採食を嫌い牧草が過繁茂になる場所），蹄傷などによる利用率の低下，などの問題がある．いずれも，適切な放牧計画，掃除刈り，放牧衛生，補助飼料給与などの対応が必要となる．

6.2.2 乾　　草

乾草は水分の除去により有害な微生物の繁殖を抑え，貯蔵性を高める方法で，通常，水分 15％程度で大気の水蒸気と平衡になり安定的に保存される．牧草をモア等で刈り取り，乾燥を早めるために数回の反転を行い，レーキ等で集草し，ベーラーで角形やロール型に梱包する．降水量の多いわが国では，乾燥中に降雨にあたることがあり，可溶性の糖類，窒素化合物，ミネラルなどが溶脱してしまう．また，β-カロテンは日射と高温により低下する．マメ科牧草では，乾燥しすぎると脱葉しやすくなるので，朝夕の湿度が高めの時間帯に収穫する．

6.2.3 サイレージ

サイレージとは，乳酸菌などの嫌気性菌により，材料中に含まれる糖などを乳酸などの有機酸に変え，pH を下げることによって安定的に貯蔵する方法である．良質サイレージ調製のポイントは，以下のとおりである．
・糖を多く含み栄養価の高い材料を用いる．
・嫌気性菌が糖を利用しやすいように，材料を細断する．
・嫌気性菌が働きやすいように空気を完全に遮断する．
・材料間の空気をできるだけ排除する．
・排汁による養分損失を防ぐため材料水分を調整する．

しかし，すべての条件を満たすことは困難なため，次に挙げる応用技術を活用する．
・水分と糖の調整：　糖含量の少ない材料では，水分を 50〜60％に減らすことで現物中の糖含量が高まる．また，高水分のままサイレージにしなければならない場合は，糖蜜を加えるかビートパルプなどの乾いた材料を加えて水分と糖含量をコントロールする．

- 材料の細断： 材料からの糖の浸出を促すとともに，密度増加に役立つ．
- 密封： 材料の植物は刈り取り後も呼吸をしていることから，早期に密封しサイロ内の酸素を追い出すことが重要である．
- 踏圧，密度： 嫌気状態にするため踏圧やベーラー等の機械により圧縮して密度を高める．
- 二次発酵防止： 二次発酵は，サイロ開封後にサイレージが空気に触れることによって始まる．密封中はサイロ内が嫌気状態のため好空性細菌は休眠状態にあるが，開封とともに活動を再開し，腐敗へと進行する．そのため，サイレージと空気との接触をできるだけ少なくする．特に，ラップサイレージの保管中はラップが鳥獣等から損傷を受けないように管理する．

サイロの種類は，地下，タワー，バンカー，スタック，ロールベールなど多種多様である．近年は，作業者が少なくて済むロールベールサイレージや大規模調製に適したバンカーサイロが多い．

6.2.4 TMR，発酵 TMR

完全混合飼料（TMR）は，家畜が要求する栄養素が適正になるよう粗飼料と濃厚飼料を混合調製した飼料で，家畜の選択採食を防止し，ルーメン発酵を安定させる．分離給与のように個体別に飼料設計をする必要がなく，群飼育など多頭数の条件に適している．発酵 TMR は，TMR をさらに発酵させた飼料で，多様な有機酸と微生物が産生する抗菌成分により二次発酵しにくく，夏季の飼料に適している．TMR，発酵 TMR は，多汁質のエコフィード利用に欠かせない技術であり，大量に生産することで飼料成分の安定化などにつながることから，TMR センターやコントラクターが地域内の食品産業，畜産農家，耕種農家の連携の核として期待されている．

6.3 飼料の評価

流通乾草，輸入乾草では，飼料成分と栄養価から，特級から1～4級程度に評価される．通常，特級（プレミアム）に該当するのは，1番草出穂前に収穫されたものである．

サイレージでは，色や手触りから判断する官能法のほか，有機酸の割合等か

ら評価する方法がある．良質なサイレージは，手触りがさらっとしていて清潔感があり，快い甘酸臭があり，黄金色から明るい黄緑色を呈する．低質になるほど，粘性，発熱があり，アンモニア臭やかび臭を伴い，褐色を呈する．化学分析よる方法では，乳酸含量が高く，pH が 4.2 以下で，劣化とともに産生される VBN（揮発性塩基態窒素）含量の低いものが良質と判定される．

6.4 飼料の安全性

6.4.1 飼料成分の変動とモニタリング

自給飼料では，生産した圃場，収穫日，天候などで飼料成分が異なる．たとえ全体から平均的なサンプルを採取して飼料分析したとしても，日々の飼料では成分に変動がある．購入飼料でも保管の状況等で変動する．そこで，必要なのは，家畜の反応を参考に成分変動に対応することである．短期的には，糞の粒度，粘性，臭気，採食性，反芻時間等から，長期的には体重や BCS（ボディーコンディションスコア）および血液成分等から，栄養素の過不足を推定し，飼料設計に反映させる．

6.4.2 飼料由来の有毒物質

トウモロコシ，ソルガム，イタリアンライグラス等は，生育の初期～中期にかけて茎葉部に硝酸塩を蓄積する．硝酸塩は赤血球中のヘモグロビンと結合し酸素運搬を阻害する．乾物中に硝酸塩を 0.15～0.4% 含む飼料は，給与量を制限する．

生育初期のソルガムやスーダングラスには青酸配糖体が含まれている．高温，干ばつで不良生育した場合に青酸濃度が増加するので，2 番草の収穫時に留意する．

シュウ酸は，飼料用ビートなどに多く含まれ，多量に摂取するとカルシウム欠乏症などの中毒を引き起こす．そのため，これらを多給する場合にはカルシウムの補給を行う．

アルカロイドは，リードカナリーグラスなどに含まれ，多給すると下痢を発症するので，低アルカロイドの品種を利用する．

有毒物質を含む植物としては，ワラビ，チョウセンアサガオ，イヌスギナ，

トリカブト，ユズリハ，アセビ，ネジキ，レンゲツツジ，シャクナゲ，キョウチクトウ，スズラン，ノボロギク，キオン，ハンゴンソウ，マルバタケブキ，ツワブキ，フキノトウなどがある．

　飼料作物の病害により有毒物質が発生するケースとしては，ソルガムの麦角病，ムギ類の赤カビ病などがある．赤カビは，飼槽などに残って増殖することがあるので，飼槽や飼料混合機等の清掃が重要となる．

　その他，飼料の安全性を確保するため，農薬は使用基準を厳守し，ヒツジにおいては，植物起源の「A飼料」のみを給与し，同じ農場内でブタ・ニワトリ等を飼養する場合は，飼料の倉庫を別々にし，誤用を防ぐことが必要である．

〔塩谷　繁〕

引用・参考文献

農業・食品産業技術総合研究機構（2009）：日本標準飼料成分表，中央畜産会．

7. ヒツジの繁殖

7.1 雌の繁殖

7.1.1 雌の生殖器

生殖器は生殖腺と副生殖器で構成されるが,雌の生殖腺は卵巣であり,副生殖器は生殖道である卵管,子宮,膣および外陰部に分けられる(図 7.1).

a. 卵巣

卵巣は左右に 1 対あり重さ各 0.6〜3.0 g の卵円形の腺であり,卵巣間膜によって腹腔内に支えられている.卵巣のおもな機能は卵子の生産と,エストロジェン(卵胞ホルモン)やプロジェステロン(黄体ホルモン)などの雌性ホルモンの分泌である.卵巣内にはさまざまな段階の卵胞や黄体および白体があるが,1 層の卵胞上皮細胞に囲まれた原始卵胞は,卵胞上皮細胞の増殖によって

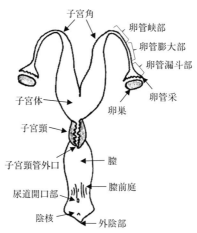

図 7.1 雌羊の生殖器官(Evans & Maxwell, 1987 に一部追加)

次第に多層となるとともに，卵母細胞の周囲に透明帯を形成して第 2 次卵胞となり，第 3 次卵胞では卵胞腔が形成されてその中に卵胞液が貯留する．その後さらに卵胞腔は大きさを増して直径 5～10 mm のグラーフ卵胞となり，その中にある成熟卵子を放出（排卵）する．卵胞の発育や排卵には下垂体前葉からの卵胞刺激ホルモン（FSH）と黄体形成ホルモン（LH）が関与しているが，発育卵胞からはエストロジェンが分泌され，発情行動を発現するとともに，下垂体にフィードバックして性腺刺激ホルモン（FSH および LH）の分泌を調節している．エストロジェンのフィードバックにより下垂体からは LH が急激に放出（LH サージ）され，FSH の影響下にある卵胞に作用して卵子が成熟し排卵を引き起こす．排卵後の卵胞にはプロジェステロンを分泌する黄体が形成されるが，プロジェステロンは胚の着床や妊娠の維持に必須のホルモンであり，妊娠期間中は黄体が存続し卵胞の発育を抑制する．黄体の機能が最大になるのは排卵後 7～8 日目であり，この時期の黄体を開花期黄体といい，直径 10 mm 程度が卵巣表面に突出している．黄体は，妊娠しなければ 13～14 日で退行し白体となる．

b. 卵 管

卵管は卵管間膜に支えられている卵巣と子宮を結ぶ左右 2 本の細長い管であり，その長さは 10～20 cm である．卵巣側から卵管漏斗部，卵管膨大部，卵管峡部に分けられ，卵管漏斗部には卵子を受け入れるための卵管腹腔口が開口している．しかし，卵巣と卵管は直接つながってはおらず，排卵時には漏斗部の周縁にある房状の卵管采が伸びて卵巣を覆い，卵管漏斗部上皮の繊毛運動と卵管間膜および卵巣間膜の収縮運動によって卵子は卵管腹腔口に吸引され，卵管膨大部へ輸送される．卵管膨大部は卵子と精子の受精場所であり，卵子はしばらく膨大部に留まるが，これは排卵時期に膨大部と峡部の境界で上向性の蠕動運動が生じているためであり，受精が成立すると受精卵は分割を繰り返しながら子宮へと下降する．卵管峡部は筋層が厚く屈曲し内腔は細く狭まっている．また卵管と子宮との結合部を子宮卵管接合部と呼び，子宮を上走してきた精子はここで一時滞留し，受精能を獲得する．

c. 子 宮

ヒツジの子宮は長さ 9～16 cm の 2 本の子宮角と 3～5 cm の子宮体からなり，腹膜の延長である子宮広間膜で腹腔内に支えられている．子宮壁は漿膜

（子宮外膜），筋層および粘膜（子宮内膜）からなっている．さらに筋層は外層の縦走筋と中層および内層の輪状筋で構成されており，発情時における精子の卵管への上走や，分娩時の胎子の娩出を助ける．子宮内膜には多くのひだがあり，多数の子宮腺と妊娠時に母体胎盤となる子宮小丘と呼ばれる隆起（70～100個）が存在する．

d. 子宮頸

子宮頸は子宮体と膣の連結部であり，筋層が発達して硬く，内部には4～6個の螺旋状のひだがある．子宮頸の粘膜上皮細胞には分泌腺が多く，エストロジェンの影響を受けて発情時には多量の粘液を分泌する．黄体期や妊娠期には硬くしまっており，子宮内への細菌に侵入や流産防止に役立っているが，ヒツジの子宮頸は長さが4～10 cm，幅は約1 cmと細長く，ひだも厚く固いため，発情期であってもウシやヤギのように精液注入器を通して子宮内に人工授精を行うことは非常に難しい．

e. 膣と外陰部

膣は子宮頸から外陰部につながる管であり，精液を受け入れる交尾器と分娩時の産道の機能をもつ生殖器であるとともに排尿器官でもある．頸管外口部周囲の膣円蓋とその後方の膣前庭および外陰部に分けられ，尿道口は膣前庭の後方に開口する．膣壁には血管や神経および分泌腺が分布しており，発情時には粘液の分泌や膣粘膜および外陰部の充血がみられる．

7.1.2 繁殖季節

ヒツジは短日性季節繁殖の動物であり，日照時間が短くなる秋から冬にかけてが繁殖可能な時期である．北半球では繁殖季節は通常9月頃に始まり，妊娠しなければ10回程度の発情を繰り返して2月には終了するが，このような季節繁殖性は日照時間の変化と密接な関係があり，飼養地域の緯度にも大きく影響される．つまり，日照時間の年間差が大きい高緯度地域は短日期が繁殖季節となるが，緯度が低くなるほど日照時間の年間差が小さくなり，南北35°以下の地域では年中繁殖が可能といわれる．

日照時間の長短は，夜間に松果体から分泌されるホルモンであるメラトニンの分泌パターンによって伝達される．ヒツジやヤギなどの短日性の季節繁殖を示す動物では，メラトニンの分泌亢進時間が長くなると，視床下部から性腺刺

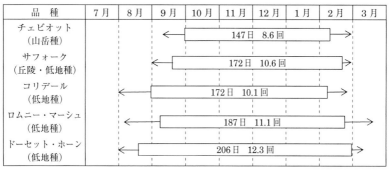

図 7.2 品種別の繁殖期間と性周期の回数（矢印は最大範囲を示す）

激ホルモン放出ホルモン（GnRH）が放出され，下垂体からの FSH と LH を分泌させ，卵胞の発育および排卵が起こる．通常，繁殖期の最初の排卵では発情を伴わないことが多く，次の発情までの期間が短い傾向にあるが，正常な発情周期（16〜17 日）で発情を伴って排卵するためにはプロジェステロンの前作用が必要とされている．繁殖期の開始時期やその期間は，日照時間以外に気温や高度にも影響され，品種による差もみられる．たとえば，低温下で飼育されているヒツジは高温下のヒツジよりも早く発情を示し，高地では一般に低地よりも繁殖期が短い傾向にある．また，品種による差は上記のような環境条件に起因する原産地の飼料条件によるところが大きい．図 7.2 には品種別の繁殖期間を示したが，山岳種に属するチェビオットは繁殖期の始まりが遅く，期間も平均 147 日と短い．これに対して低地種の繁殖期間は長く，特にドーセット・ホーンは 200 日を超えており，地域によっては年中繁殖が可能といわれている．また，日本で最も多く飼育されているサフォークは，その起源が丘陵種に由来しており，繁殖期間はコリデールと同じ（平均 172 日）であるが，繁殖期の始まりはそれよりも遅い．

7.1.3 性成熟

卵胞が発育し，生後初めて発情を示すことを春期発動といい，排卵を伴わないことが多い．その後，周期的な排卵を伴う発情があり，妊娠する能力が備わる時期を性成熟期といい，性成熟の開始は性腺刺激ホルモン放出ホルモン（GnRH）と性腺刺激ホルモン（FSH や LH）の放出によってもたらされる．

幼若期にはこれらのホルモンの分泌が抑制されているが，一定の成長段階に達するとエストロジェンのフィードバック作用によってその抑制が解除され，GnRHとそれに続くFSHやLHの分泌により，性腺を活性化させる．通常，ヒツジの性成熟期は7～8ヶ月齢であるが，品種や季節，栄養状態，飼養管理などによって異なる．たとえば，メリノの性成熟はサフォークやハンプシャーよりも遅く，交雑種は一般に純粋種よりも早い．また，高い栄養水準は性成熟の開始を早め，低い栄養水準ではその時期を遅らせる．

7.1.4 性周期

性成熟に達した雌羊は，繁殖季節になると発情・排卵・黄体形成・黄体退行を繰り返す．このような周期的変化を性周期といい，ヒツジでは16～17日が1周期である．このうち卵胞が急速に発育し排卵に至るまでの3～4日間を卵胞期，排卵後に形成された黄体が存続する約13日間を黄体期という．性周期に関与するおもなホルモンは，視床下部からの性腺刺激ホルモン放出ホルモン（GnRH），下垂体前葉からの性腺刺激ホルモン（FSHおよびLH），卵巣からのエストロジェンとプロジェステロンである．

GnRHは下垂体前葉に作用してFSHとLHの分泌を促進させるが，最初に卵胞の発育に関与するのはFSHである．排卵から13日目頃の卵巣には1～3個の卵胞が発育し，FSHの影響下で卵胞からエストロジェンが分泌され，雌羊は発情兆候を示すようになる．また，エストロジェンは視床下部と下垂体前葉にフィードバックし，一過性の急激なLHの分泌（LHサージ）を誘発する．LHは発情開始と同時に分泌されるが，このとき，同時にFSHの分泌も最大となる．卵巣ではLHの放出によって卵胞内の卵子が成熟分裂を再開し，第2成熟分裂中期（図7.3）に達した段階で排卵が起こる．排卵は通常，LHサージの18～24時間後に起こる．

排卵後にはLHの作用により黄体が形成され，プロジェステロンの分泌を開始し，その分泌量は7～9日目に最大となる．プロジェステロンは視床下部にフィードバックしてGnRHの分泌を抑制し，下垂体前葉からのFSHおよびLHの分泌を低下させる．また，プロジェステロンには子宮内膜上皮の分泌機能を亢進し，着床に適した状態を作り出す妊娠前期的変化や妊娠を維持する作用があり，妊娠すれば黄体の機能はそのまま存続する．しかし，排卵後12～

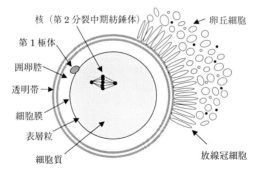

図 7.3　排卵直後の卵子（第 2 成熟分裂中期）
囲卵腔には第 1 極体が放出され，透明帯の周りは放線冠細胞と卵丘細胞が取り巻く．

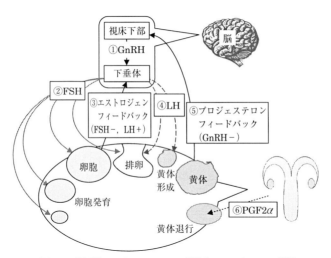

図 7.4　性周期におけるホルモンの調節とフィードバック機構

13 日目に正常に発育した卵子が存在しなければ，14 日目頃には黄体の機能は失われ，やがて退行する．黄体の退行には子宮が密接に関係しており，子宮内膜で生産されたプロスタグランジン F2α（PGF2α）が子宮静脈から卵巣動脈に入り，黄体を退行させる（図 7.4）．通常，黄体期後期の卵巣には新しい卵胞が発育しており，黄体が退行すると急速に発育・成熟し，次の発情を発現する．

7.1.5 受精と妊娠

受精とは卵子と精子が融合し，接合体を形成する現象のことをいう．受精は卵子と精子の接触に始まり，精子の卵子内への進入，雌雄両前核の形成，そして両前核の融合によって完了する（図 7.5）．この一連の過程は卵管膨大部で行われる．受精が成立するためには，多数の精子（1000 万〜3000 万）が卵管内に存在し，受精能を獲得して先体反応を起こしていなければならないが，卵管内での精子の生存時間は 10〜12 時間，卵子の受精能保有時間も 12〜15 時間と短い．このため，タイミングよく卵子と精子が卵管膨大部で合流しなければ正常な受精は成立しない．

受精後の胚は精子の侵入後 19〜24 時間には 2 細胞に分割し，その後も分割を続けながら卵管を下降し，3 日目に 16 細胞期の段階で子宮に入る．子宮に到達した胚は分割を続けながら，しばらくは子宮内に浮遊しているが，10 日目頃に透明帯から脱出し，交配から 15 日目頃には胚膜が形成される．そして 20〜25 日目に胚膜と子宮内膜が接着し始め，30〜35 日目に着床が完了する．妊娠が成立し，これを維持するためにはプロジェステロンが重要な役割を果たしており，黄体からのプロジェステロンの分泌量は妊娠末期まで高値（8〜10 ng/mL）を維持するが，ヒツジでは妊娠 50 日以降に胎盤からもプロジェステロンが分泌されるようになり，黄体を除去しても妊娠は維持される．

ヒツジの妊娠期間は品種によって差はあるが，144〜151 日の範囲であり，サフォークの場合は平均 147 日である．妊娠期間中の胎子は 90〜100 日目までは緩やかな発育を示し，妊娠末期の 50〜60 日に急速に体重が増加する．このため，健康な子羊を生産するためには妊娠末期の栄養管理が重要となる．

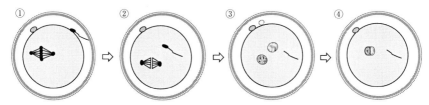

図 7.5 受精の過程

①精子が侵入し，卵子細胞膜に接触すると卵子表層粒の内容物が放出されて透明帯反応を起こす（多精子侵入拒否）．
②精子が卵子細胞質内に取り込まれ，卵子は分裂を再開（第 2 成熟分裂後期）．
③雌・雄前核形成と第 2 極体の放出．
④雌・雄前核の融合．

7.1.6 分娩

　分娩は陣痛の開始に始まり，第1次破水（尿膜破裂）→第2次破水（羊膜破裂）→胎子の娩出→胎盤の排出の過程（図7.6）で完了するが，分娩の開始は胎子の副腎からのコルチゾールの分泌が引き金となる．コルチゾールは胎盤からのプロジェステロンの分泌を抑制し，エストロジェンの分泌を促進する．エストロジェンの影響を受けた子宮はPGF2αを生産・分泌し，これによって黄体が退行するとともに子宮の収縮が起こり，陣痛が始まる．さらに，下垂体後葉からはオキシトシンが分泌され，子宮の強い収縮と腹筋の収縮を引き起こし，胎子を娩出させる．第1次破水から胎子の娩出までの時間は，通常1時間以内であり，胎盤は分娩後2〜4時間のうちに排出される．また，子宮の回復には2週間程度を要する．

図 7.6　ヒツジの分娩のようす
①第1次破水，②第2次破水，③胎子娩出時の強い陣痛，④胎子の娩出．

7.2　雄の繁殖

7.2.1　雄の生殖器

　雄の生殖腺は精巣であり，副生殖器は精巣上体と精管，副生殖腺および陰茎である（図7.7）．

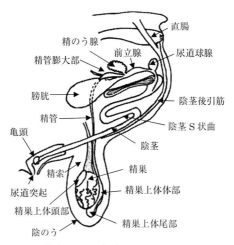

図 7.7　雄羊の生殖器官（Evans & Maxwell，1987より模写）

a. 精　巣

　精巣の機能は精子の生産とアンドロジェン（雄性ホルモン）の分泌であり，精巣上体とともに腹腔外の陰のうに収められている．陰のうは精子の生産に重要な温度の調節を行う役割があり，体温よりも 4～7℃低い温度を保っている．精巣の大きさはウシとほぼ同等（1 個当たり 200～400 g）であり，体重比では家畜の中で最大である．精巣の表面は厚い白膜で覆われ，内部は精巣縦隔と精巣中隔によって小葉に分かれており，その中は屈曲した精細管と間質で埋められている（図 7.8）．精細管の基底膜には精子を生産する精母細胞とセルトリー細胞があり，間質にはリンパやアンドロジェンを分泌するライディッヒ細

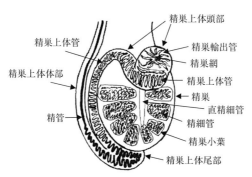

図 7.8　精巣の構造（Hafez，1987 より模写）

胞がある．精細管は精巣縦隔付近で直管となり精巣網に，精巣網は精巣上体につながる．なお，セルトリー細胞とリンパ管からの分泌物によって構成される精巣液は，精細管から精巣上体への精子の輸送に重要な役割を果たしている．

アンドロジェンのおもな機能は精子の生産，副生殖腺の発育および機能維持，性欲の亢進などであるが，アンドロジェンの分泌には下垂体前葉からのLHの刺激が必要である．また，FSHはセルトリー細胞に作用してアンドロジェンと結合するタンパク質を合成し，精巣からのフィードバック機構に関与している．LHやFSHの分泌は日照時間の変化に伴う視床下部からのGnRHの影響を受けているため，雌羊ほど明瞭ではないが，雄羊の繁殖機能にも季節的な変化がみられる．

b. 精巣上体

精巣上体は精巣に付着する副生殖器官で，精子の輸送と成熟および貯蔵の役割をもつ．精巣上部には精巣網とつながる数本の精巣輸出管が1本の精巣上体管にまとまる部位があり，これを精巣上体頭部と呼ぶ．また，精巣下部には精巣上体尾部と呼ばれるふくらみがあり，頭部と尾部を結ぶ部位を精巣上体体部と呼んでいる．精細管で作られた精子には運動性や受精能力はないが，精巣上体を通過する間にその能力を獲得し，精巣上体尾部に貯蔵される．

c. 精 管

精管は精巣上体尾部から尿道につながる細い管で，射精の際に精巣上体尾部に貯蔵された精液を尿道に放出する機能をもっている．精管が尿道とつながる付近を精管膨大部といい，精子を貯留するとともに，精子のエネルギーとなるフルクトースを分泌する．

d. 副生殖腺

副生殖腺には精のう腺（2個）と前立腺（1個）および尿道球腺（2個）がある．副生殖腺の発育や機能の発現はアンドロジェンに支配されており，精子の生理機能に関与する分泌液の生産と分泌を行っている．精液に含まれる精漿はおもに精のう腺液と前立腺液によって構成され，尿道球腺液は射精前に前立腺液とともに分泌され，尿道の洗浄を行う．

e. 陰 茎

陰茎は排尿器官であるとともに，精液を射出するための交尾器でもある．普段は陰茎後引筋により包皮内に収められているが，性的興奮時には海綿体に血

液が集まって硬さを増し，交配時には陰茎後引筋の伸長によって突出する．陰茎先端部の亀頭は神経繊維に富み，交尾の刺激によって精巣上体や精管および尿道の筋層が収縮し射精が起こる．また，亀頭の先には長さ 2〜3 cm の尿道突起が伸びているが，射精の瞬間にはこれが回転して精液を雌羊の膣内にふりまく．ヒツジの射精量は 1 回あたり 1〜2 mL，濃度は 20〜40 億/mL である．

7.2.2　精子の構造

精子は頭部と尾部からなる 1 つの細胞であるが，尾部はさらに頸部，中片部，主部，終部に区分される（図 7.9）．頭部は長さ 8〜10 μm の扁平な卵円形で核をもち，頭部の上半分は先体と呼ばれる被膜で覆われる．先体にはヒアルロニダーゼやアクロシンなど，受精の際に卵子の周囲にある卵丘細胞層や透明帯を通過するための酵素を含んでいる．尾部は長さ 50 μm 程度で，精子の運動に重要な役割を果たしている．また，中片部にはミトコンドリア鞘(しょう)と呼ばれる被膜があり，精子の運動やその他の機能の維持に必要なエネルギーを生産している．

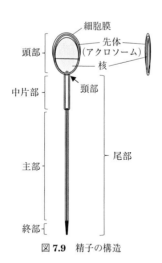

図 7.9　精子の構造

7.2.3　精子の受精能獲得と先体反応

精子が卵子の周囲にある卵丘細胞層や透明帯を通過し，受精を完成させる能力を獲得するためには，精子が生理的，機能的変化を起こす必要があり，これを

精子の受精能獲得という．精巣上体の精子は受精能の獲得が抑制されており，また，射精された精液も精漿に含まれる抗被覆抗原（糖タンパク質）が精子の表面に強固に結合しており，受精能の発現を抑えている．これを解除するため，精子は雌羊の子宮や卵管内に数時間とどまる必要がある．また，受精能を獲得した精子は先体の形態的変化を起こすが，これを先体反応という．まず最初に精子細胞膜と先体外膜が融合して空胞が形成され，次にその空胞の間からヒアルロニダーゼが放出されて卵丘細胞や放射冠細胞を結びつけているヒアルロン酸を溶かし，精子の通過を容易にする．精子が卵子の透明帯に達すると，先体からはアクロシンが放出されて透明体を溶かし，精子は尾部の全身運動によって透明帯を通過する．囲卵腔に達した精子は卵細胞膜の表面に付着し，卵子細胞質内に取り込まれる．

7.3 最 新 技 術

7.3.1 発情の同期化と季節外繁殖

a. 発情同期化の方法

発情の同期化は，管理を容易にするために分娩時期をそろえたり，短期間に集中して人工授精を実施する場合などに行われる．

発情同期化の方法にはプロジェストージェンまたは PGF2α を用いる方法がある．プロジェストージェン法はプロジェステロンまたは合成黄体ホルモンを一定期間（9〜14 日間）投与し，処置後に発情・排卵を集中させる方法である．プロジェステロンの投与期間中は下垂体からの FSH や LH の分泌が抑制されているが，処置終了後にはその抑制が解かれて卵胞が発育し，2〜3 日後に排卵が起こる．この方法では投与されたプロジェステロンが黄体として作用するため，黄体が存在しない非繁殖期においても発情を同期化することができる．プロジェステロンの投与法には筋肉内注射，または膣内挿入法があり，注射の場合は 12〜14 日間毎日投与する必要があるが，膣内挿入の場合は 300〜750 mg のプロジェステロンを含む器具を膣内に 9〜14 日間挿入しておくだけでよい．合成黄体ホルモンは酢酸メドロキシプロジェステロン（MAP）または酢酸フルオロジェストン（FAG）がおもに用いられるが，膣内挿入の場合の用量は MAP では 60 mg，FGA では 40 mg である．プロジェステロンを含有す

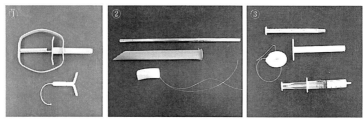

図 7.10 膣内挿入法によるプロジェステロン投与のための器具
①CIDR（タイプG）と挿入器具，②Pスポンジと挿入器具，③Pクリームと挿入器具．

る膣内挿入器具としては1985年頃にニュージーランドで開発されたCIDR（Controlled Internal Drug Release）（図7.10の①）があり，ウシ用のものは日本でも販売されているが，ヒツジおよびヤギ用の器具については認可されておらず，入手できない状況にある．このため，国内ではプロジェステロン500 mgをスポンジに吸着させた自家製Pスポンジ（写真7.10の②）やクリーム状にしたプロジェステロンをスポンジとともに膣内に挿入する膣内Pクリーム（図7.10の③）が考案され，CIDRと同様の発情・排卵効果が得られることが確認されている．なお，膣内挿入法では器具を除去する1～2日前に300～500 IUのPMSG（妊馬血清性性腺刺激ホルモン）を投与することで発情・排卵誘起効果が向上し，発情は器具除去後24～36時間に集中する．

PGF2αの投与による発情誘起は，黄体退行作用を利用した方法であり，黄体期（排卵後4～15日目）の雌羊にのみ有効であることから，非繁殖期には利用できない．通常PGF2αの投与から2～3日以内に発情が誘起されるが，複数の雌羊の発情を同期化する場合には，それぞれの雌羊の性周期が異なるため，10～14日間隔で2回の注射を行う必要がある．

b. 季節外繁殖

ヒツジは季節繁殖であるため，妊娠期間が約5ヶ月と短いにもかかわらず，通常は年に1回しか繁殖ができない．しかし，季節外繁殖を取り入れることで2年3回繁殖や3年4回繁殖（図7.11）による産子数の増加やラム肉の周年出荷が可能となる．

季節外に雌羊の発情を誘起する方法としては，前述のプロジェストージェン法が最も実用的であるが，メラトニン投与や短日処理によって繁殖時期を早めることも可能である．どちらも短日期のメラトニン分泌パターンを人為的に作

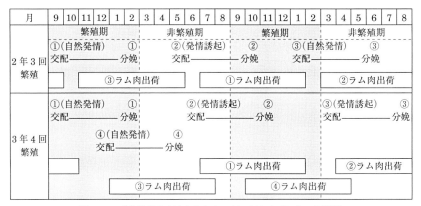

図 7.11 季節外繁殖を取り入れた2年3回および3年4回繁殖

り出すことによって，周期的な発情を誘起する方法である．メラトニンは3月下旬から70日間の投与で6月から，5月中旬から45日間の投与では7月から発情を開始する．また，短日処理では光を調節できる施設が必要となるが，長日期に明8時間，暗16時間の環境にすることで，処理開始から50～100日後に発情周期が開始する．

7.3.2 人工授精

人工授精のメリットは，優良な種雄羊の精液を多数の雌羊に授精することによる改良の促進や，交配時の雌雄の接触を断つことによる伝染性疾患の蔓延防止などである．ヒツジの人工授精は，まだ普及には至っていないが，改良基礎となる羊群の規模が小さい日本では，輸入凍結精液による血液更新も必要であり，技術の活用が望まれる．

a. 人工授精用精液

精液採取は人工膣による方法（図7.12）が一般的である．電気刺激による方法もあるが，この方法で採取された精液は活力が弱く，精液に尿が混入する場合もあるため，人工授精用には向かない．人工膣を使用する場合，人工膣内の温度と圧力が重要であり，採取時に42～45℃となるように温湯の温度と注入する空気の量を調整する．また，乗駕用の台雌には発情期の雌羊を用いることが望ましい．

人工授精用精液には冷蔵精液と凍結精液があり，その処理工程を図7.13に

図 7.12 人工膣による精液採取

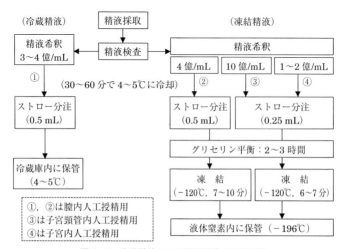

図 7.13 冷蔵精液および凍結精液の処理工程

示した．どちらの場合も採取後速やかに 30℃の恒温槽内で温度平衡を行うとともに，必要な検査（表 7.1）を実施したうえで，異常のないものを人工授精用精液として処理を行う．精液希釈液には冷蔵精液の場合 9〜12％のスキムミルク溶液または卵ク糖液（表 7.2）を用いるのが一般的である．また，凍結精液ではオーストラリアの研究者が開発した希釈液（表 7.3）が多用されているが，最近では卵黄を含まない合成希釈液（AndroMed：ドイツ Mini-Tube 社製）が世界的にも使用されつつある．

希釈は 30℃の恒温槽内で少量ずつ滴下しながら行うが，凍結精液の場合は希釈液に耐凍剤としてグリセリンが含まれており浸透圧が高いため，精子にダメージを与えないよう慎重に行う必要がある．希釈倍率は原精液の濃度や授精

表 7.1 精液の検査項目とその性状

検査項目		精液性状
肉眼検査	精液量	1.0 mL（0.5〜2.0 mL）
	色調	白〜乳白
	臭気	無臭
	pH	6.8（6.6〜7.3）
顕微鏡検査	活力・生存率	＋＋＋80〜90
	精子数（濃度）	30（20〜40）億/mL
	奇形率	10%以下

表 7.2 卵黄クエン酸糖液（卵ク糖液）

クエン酸ナトリウム（$2H_2O$）	2.37 g
グルコース	0.80 g
卵黄	20.0 mL
蒸留水で 100 mL に希釈	

表 7.3 凍結精液用希釈液（Evans & Maxwell, 1987）

	希釈倍率				
	2倍	3倍	4倍	5倍	10倍
トリス-アミノメタン（g）	5.814	4.361	3.876	3.634	2.420
グルコース（g）	0.800	0.600	0.533	0.500	0.333
クエン酸（g）	3.184	2.388	2.123	1.990	1.325
卵黄（mL）	24.0	18.0	16.0	15.0	10.0
グリセリン（mL）	8.0	6.0	5.3	5.0	3.3
ペニシリンGカリウム（IU）	100000	100000	100000	100000	100000
ストレプトマイシン（mg）	100	100	100	100	100

（蒸留水で 100 mL に希釈）

部位および注入量によって異なるが，膣深部または子宮頸管内授精用の精液では1回の注入で2億，子宮内授精用では2000万以上の精子数となるよう希釈する．希釈後の精液は 30〜60 分かけて 4〜5℃ まで冷却し，冷蔵精液の場合はこの状態で 2〜3 日間使用できる．凍結精液の場合は 2〜3 時間のグリセリン平衡を行った後，0.25 mL または 0.5 mL のストローに分注し，液体窒素ガスによって凍結するが，精子は 0〜−30℃ でダメージを受けやすく，この温度帯を速やかに下降させる必要がある．そのためには凍結時の精液ストロー周辺温度を −120℃ に保つことが重要である．凍結は 6〜10 分で完了し，その後液体窒素内（−196℃）に保存すれば半永久的に使用できる．凍結精液を大量に

図 7.14 精液凍結器（オートマティックフリーザー）

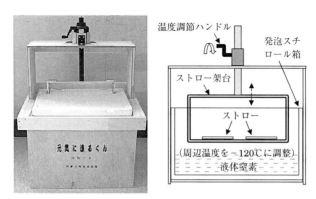

図 7.15 自家製の簡易精液凍結器

生産する場合には専用の凍結器（図 7.14）が必要となるが，少量の場合には発泡スチロール容器などを利用して凍結を行うことも可能である（図 7.15）．

凍結精液を使用する際は 38〜40℃の温湯にストローを浸漬して融解するが，このときストロー内に気泡が上がるまで十分に解凍しなければならない．融解時も凍結時と同様に危険温度帯を速やかに通過させることが大切であり，融解温度に注意が必要である．

b. 人工授精の方法

ヒツジの人工授精には，精液の注入部位によって膣深部人工授精，子宮頸管内人工授精，子宮内人工授精の3つの方法がある．最も一般的な方法は子宮頸管内人工授精であり，図 7.16 のように雌羊を倒立状態で保定し，膣鏡で位置を確認しながら子宮頸管外口部から 1〜2 cm の位置に精液を注入する．使用する器具はヘッドランプと膣鏡および，先が細くなった精液注入器（図

7.16 右) が必要となる．一方，膣深部人工授精は膣の奥に注入器を挿入して精液を注入するだけの簡単な方法であり，精液注入器もウシ用のもので代用できる．これら 2 つの方法は技術的には比較的簡単に行えるが，一般に凍結精液では受胎率が低く，子宮頸管内人工授精については，膣鏡や頸管用の注入器が国内で販売されていないため，普及が困難な状況にある．子宮内人工授精は腹腔内視鏡を用いて子宮角内に精液を注入する方法（図 7.17）であり，凍結精液でも 55〜65％の高い受胎率が得られる（表 7.4）．また，膣深部や子宮頸管

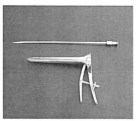

図 7.16　子宮頸管内人工授精のようす（左）と，それに用いられる器具（右：精液注入器，膣鏡）

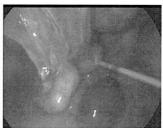

図 7.17　子宮内人工授精のようす（左）と子宮角内への精液注入（右）

表 7.4　凍結精液による子宮内人工授精の受胎，分娩成績（福井・河野，未発表）

年度	受精頭数	受胎		分娩		1腹あたり産子数
		(頭数)	(％)	(頭数)	(％)	
2005	59	39	66.1	38	64.4	1.45
2006	59	39	66.1	38	34.4	1.39
2007	90	54	60.0	53	58.9	1.68
2008	100	58	58.0	56	56.0	1.82
2009	231	125	54.1	123	53.2	1.49
合計	539	315	58.4	308	57.1	1.57

内人工授精では 0.2～0.5 mL（精子数 2 億）の精液が必要であるが，子宮内人工授精では 0.05～0.1 mL（精子数 2000 万以上）を各子宮角に注入すればよい．精液の輸入が可能なオーストラリアやニュージーランドで作られる凍結精液は，通常，0.25 mL ストロー（精子数 5000 万）であり，膣深部や頸管内人工授精には向かない．子宮内人工授精は高価な器材や技術の習得が必要であるが，輸入凍結精液を活用するためには不可欠な技術である．

  c. 受胎率にかかわる要因

　人工授精後の受胎率は，注入する精液の状態（精液量，精子数，活力），授精のタイミングや回数のほか，雌羊の年齢や飼養管理などにも左右される．子宮内人工授精の場合，実施前に絶食や腹部の剃毛などを行う必要があり，複数の雌羊の発情を同期化したうえで実施するのが一般的であるが，授精は膣内挿入器具除去後 43～46 時間頃に行うとよい（表 7.5）．膣深部や子宮頸管内人工授精の場合は精子が子宮頸管を通過する時間を考慮し，子宮内人工授精よりも 3～6 時間早い時期に授精を行うが，一般にホルモン処置によって誘起された発情で受胎率は低く，自然発情での実施が望ましい．また，受胎率を向上させるためには 1 回よりも 2 回授精が好ましく，1 回目を発情開始後 8～12 時間目，2 回目はその 8～10 時間後に行う（表 7.6）．この場合，雌羊の発情発見が必要となるが，ヒツジの発情兆候は微弱で雌どうしでの乗駕行動が見られないため，エプロンとマーキングハーネスを装着した雄羊の同居（図 7.18 右），または試情（図 7.18 左）により 1 日 2～4 回の発情確認を行う必要がある．また，雌羊の膣粘液は発情初期には少量・透明であるが，発情中期（発情開始から 12～24 時間）に粘液量は最大となり，その後は量が減少して白濁し，発情後期には粘性を増してクリーム状となる．このことから膣粘液の性状によって発情の時期を知ることができ，透明で多量の粘液のときが授精適期である．

表 7.5　子宮内人工授精における授精時間と受胎率（福井・河野ほか，2007）

授精時間*	授精頭数	受胎頭数	受胎率（％）
43～46 時間	30	22	73.3
47～50 時間	30	16	53.3

＊：膣内挿入器具除去後の時間．

表 7.6 冷蔵精液の子宮頸管内人工授精における授精時間と受胎率（河野・福井, 2010）

農場	授精時間*	授精頭数	受胎頭数	受胎率（％）
A 農場	2 + 8	12	1	8.3
	2 + 16	15	4	26.7
	8 + 16	14	9	64.3
B 農場	2 + 8	38	6	15.8
	2 + 16	23	2	8.7
	8 + 16	27	9	33.3
合 計	2 + 8	50	7	14.0
	2 + 16	38	6	15.8
	8 + 16	41	18	43.9

*：発情発見後の各時間に人工授精を実施.

図 7.18 ヒツジの発情確認
①試情による発情発見（雄にはエプロンを装着している）.
②雄の同居による発情発見（雄にはマーキングハーネスとエプロンを装着）.

　膣深部や子宮頸管内人工授精では凍結精液での受胎率は一般に低いが，品種よって受胎率に差があることが認められている．表 7.7 は新鮮精液または凍結精液による子宮頸管内人工授精後の受胎率であるが，多産系品種の代表格であるフィニッシュ・ランドレースでは凍結精液でも非常に高い受胎率（77.0％）が得られるのに対して，サフォークでは受胎率（18.0％）が極端に低い．ノルウェーにおいては凍結精液による人工授精が一般農家にも普及しており，膣深部人工授精においても 70％近い受胎率（表 7.8）が得られているが，ノルウェーの主要品種であるノルウェジアン・ホワイトやスパル・シープも，やはり多産系（産子率：200〜230％）の品種である．このように，人工授精後の受胎率には品種による差がみられるが，雌羊の年齢や栄養状態も大きく影響しており，サフォークにおいても 2 歳未満の未経産羊であれば膣深部人工授精でも

表 7.7 品種の違いが子宮頸管内人工授精後の受胎率に及ぼす影響（Donovan et al., 2001）

品種	受胎率（％）	
	新鮮精液	凍結精液
フィニッシュ・ランドレース	100.0	77.0
テクセル	67.0	30.0
サフォーク	57.0	18.0
ブラックフェース交雑種	60.0	43.0
サフォーク交雑種	—	19.0

表 7.8 凍結-融解精液の注入部位が受胎率に及ぼす影響（Paulenz et al., 2005）

授精部位	受精頭数	受胎		分娩	
		（頭数）	（％）	（頭数）	（％）
膣深部	279	199	71.3	188	67.4
子宮頸管内	264	199	75.4	192	72.4
合計	543	398	73.3	380	70.0

比較的高い受胎（50％以上）が得られ，痩せすぎや太りすぎの雌羊では受胎の可能性が低い． 〔河野博英〕

引用・参考文献

Donovan, A. et al.（2001）：AI for Sheep Using Frozen-Thawed Semen. End of Project Report, Teagasc.
Evans, G., Maxwell, W. M. C.（1987）：Salamon's Artificial Insemination of Sheep and Goats, Butterworths.
福井 豊・河野博秀ほか（2007）：ニュージーランドから輸入された羊凍結精液による子宮内人工授精後の受胎率に及ぼす授精時間，品種，授精師の影響．畜産の研究, **61**, 967-970.
Hafez, E. S. E.（1987）：Reproduction in Farm Animals, 5th ed., LEA Febiger.
河野博秀・福井 豊ほか（2010）：羊冷蔵精液の子宮頸管外口部または膣深部授精による授精時間が分娩率に及ぼす影響．第55回日本緬羊研究会発表．
Paulenz, H. et al.（2005）：Effect of vaginal and cervical deposition of semen on the fertility of sheep inseminated with frozen-thawed semen. Veterinary Record, **156**：372-375.

8. 肉・乳生産

8.1 羊肉の成分

8.1.1 一般成分

　肉は筋肉と脂肪および結合組織で構成されているが，部位によってその構成比は異なり，タンパク質や脂質などの成分組成に違いがみられる．また，年齢によっても肉の成分に違いがあり，一般にラム肉（生後1年未満の子羊肉）はマトン（成羊の肉）に比べて水分が多く，脂質は少ない（表8.1）．また，表8.2に示したとおり，放牧仕上げラムと舎飼仕上げラムでは，後者の方が赤肉に含まれる脂肪が多く水分が少ない．

表8.1　羊肉の部位別一般成分（輸入肉脂付，可食部100gあたり）（5訂食品成分表）

区分		水分(g)	タンパク質(g)	脂質(g)	灰分(g)	エネルギー(kcal)
ラム	かた	64.8	17.1	17.1	0.9	233
	ロース	65.0	18.0	16.0	0.9	227
	もも	65.5	19.0	14.4	0.9	217
マトン	ロース	64.2	17.9	17.9	0.8	236
	もも	65.0	18.8	18.8	0.8	224

表8.2　飼育管理の違いによる赤肉の一般成分（国産ラム肉，単位％）（日本緬羊協会，1996）

区分	水分	タンパク質	脂肪	灰分
舎飼仕上げ	75.8±0.2	20.0±0.9	2.9±0.5	1.3±0.2
放牧仕上げ	76.2±0.6	20.9±0.3	1.9±0.6	1.0±0.0

8.1.2 タンパク質

筋肉に含まれるタンパク質は，筋原繊維タンパク質（ミオシン，アクチン，トロポミオシン），筋形質タンパク質（ミオゲン，ミオアルブミン，ミオグロビン，ヘモグロビン），肉基質タンパク質（コラーゲン，エラスチン）に分けられる．筋形質タンパク質は筋原繊維間の肉漿中に存在して筋原繊維タンパク質とともに筋繊維を構成しており，必須アミノ酸を多く含んでいる．一方，筋膜や腱などの結合組織を構成する肉基質タンパク質にはグリシンやプロリンが多く，必須アミノ酸のシスチンやトリプトファンは含んでいない．このように筋肉タンパク質のアミノ酸組成は筋肉組織の構成位置によって異なるが，表8.3に示したとおり，食肉中の各アミノ酸量は家畜の種類によって大きく変わるものではない．

表 8.3 畜種別食肉のアミノ酸組成（mg/可食部 100 g）（5訂食品成分表）

	区　分		ラ　ム (ロース)	マトン (ロース)	牛　肉 (サーロイン)	豚　肉 (ロース)
必須アミノ酸	イソロイシン		870	870	880	960
	ロイシン		1500	1500	1600	1600
	リジン		1700	1700	1700	1800
	含硫アミノ酸	メチオニン	520	510	540	570
		シスチン	210	210	220	230
	芳香族アミノ酸	フェニルアラニン	750	750	770	800
		チロシン	630	630	630	680
	スレオニン		850	850	890	930
	トリプトファン		220	220	210	240
	バリン		940	930	920	1100
	ヒスチジン		710	700	750	1000
非必須アミノ酸	アルギニン		1200	1200	1200	1300
	アラニン		1100	1100	1100	1100
	アスパラギン酸		1700	1700	1800	1900
	グルタミン酸		3000	3000	2900	3100
	グリシン		820	820	810	860
	プロリン		750	750	740	810
	セリン		680	680	760	760

ラムおよびマトンは輸入肉，牛肉は和牛，豚肉は大型種．各々脂身を取り除いたものの測定値．

8.1.3 脂　　質

　動物体内の脂質には，蓄積脂質と組織脂質がある．蓄積脂質は皮下や内臓周囲および筋肉間などの脂肪組織に含まれており，その量は年齢や栄養状態，飼養管理などによって大きく変動する．一方，組織脂質は細胞の構成成分であり，給与飼料などの外的要因による変動は少ない．表 8.4 には食肉の脂肪酸組成を畜種別に示したが，脂質を構成するおもな脂肪酸は飽和脂肪酸のパルミチン酸とステアリン酸，および 1 価不飽和脂肪酸のオレイン酸であり，これらの脂肪酸で全体の 85～87% 程度を占めている．羊肉（ラム肉およびマトン）は和牛肉に比べてパルチミン酸とオレイン酸の含量は少なめであるが，多価不飽和脂肪酸の含量については和牛肉よりも多く，必須脂肪酸（リノール酸，アラキドン酸およびリノレン酸）のすべてを含んでいる．

表 8.4　畜種別食肉の脂肪酸組成（g/可食部 100 g）（5訂食品成分表）

区　分	脂身なし				脂　身		
	ラ　ム (ロース)	マトン (ロース)	牛　肉 (サーロイン)	豚　肉 (ロース)	羊　肉 (皮下脂肪)	牛　肉 (サーロイン)	豚　肉 (ロース)
脂　質	16.0	17.0	23.3	13.2	87.0	81.3	79.2
脂肪酸総量	11.95	13.08	20.84	11.08	79.00	74.14	75.32
飽和脂肪酸	5.71	6.55	9.09	4.67	42.98	30.32	32.39
ラウリン酸	0.024	0.013	0.021	0.011	0.079	0.074	0.075
ミスチリン酸	0.370	0.353	0.584	0.199	2.528	2.447	1.054
ミリストレイン酸	0.048	0.039	0.188	—	0.237	1.705	—
ペンタデカン酸	0.060	0.078	0.063	—	0.632	0.297	—
パルミチン酸	2.713	3.505	5.919	2.903	17.854	20.314	19.433
パルミトレイン酸	0.275	0.288	1.063	0.410	1.738	5.857	2.034
ステアリン酸	2.354	2.407	2.334	1.496	19.908	6.747	11.373
一価不飽和脂肪酸	5.49	5.76	11.42	5.49	30.10	42.03	33.66
オレイン酸	5.079	5.389	9.941	4.975	27.650	33.511	30.806
多価不飽和脂肪酸	0.75	0.77	0.33	0.92	3.22	1.79	9.27
リノール酸（n-6）	0.502	0.562	0.313	0.809	2.212	1.705	8.135
アラキドン酸（n-6）	0.048	0.039	—	0.044	—	—	0.151
リノレン酸（n-3）	0.191	0.157	—	0.044	1.027	0.074	0.603

ラムおよびマトンは輸入肉，牛肉は和牛，豚肉は大型種．

8.1.4 ミネラルとビタミン

食肉中のミネラルおよびビタミンの含量を表 8.5〜8.6 に示した．ミネラルについては各食肉ともにナトリウム，カリウムおよびリンが多く含まれているが，羊肉（ラム肉およびマトン）はナトリウムと鉄の含量が最も多く，カリウムについては豚肉と和牛肉の中間である．また，ビタミンはB群を多く含んでいることが各食肉に共通した特徴であるが，羊肉には特にビタミンA，B_2, B_{12} が多く含まれている．

表 8.5 畜種別食肉のミネラル含量（mg/可食部 100 g）（5訂食品成分表）

区　分	ラ　ム （ロース）	マトン （ロース）	牛　肉 （サーロイン）	豚　肉 （ロース）
ナトリウム	55	55	32	42
カリウム	270	220	180	310
カルシウム	8	5	3	4
マグネシウム	16	16	12	22
リ　ン	100	120	100	180
鉄	1.5	2.3	0.9	0.3
亜　鉛	2.6	2.0	2.8	1.6
銅	0.08	0.08	0.05	0.05
マンガン	0.01	0.01	0.00	0.01

ラムおよびマトンは輸入肉，牛肉は和牛，豚肉は大型種．各々脂身付の測定値．

表 8.6 畜種別のビタミン含量（可食部 100 g 中）（5訂食品成分表）

区　分	ラ　ム （ロース）	マトン （ロース）	牛　肉 （サーロイン）	豚　肉 （ロース）
ビタミン A* （μg）	8	10	3	6
ビタミン D （μg）	1	0	0	微量
ビタミン E （mg）	0.5	0.6	0.6	0.3
ビタミン K （μg）	9	6	10	3
ビタミン B_1 （mg）	0.13	0.06	0.05	0.69
ビタミン B_2 （mg）	0.26	0.22	0.12	0.15
ナイアシン （mg）	4.2	3.8	3.6	7.3
ビタミン B_6 （mg）	0.12	0.13	0.23	0.32
ビタミン B_{12} （μg）	2.0	2.0	1.1	0.3
葉酸 （μg）	2	1	5	1
パントテン酸 （mg）	0.94	0.72	0.66	0.98
ビタミン C （mg）	1	1	1	1

ラムおよびマトンは輸入肉，牛肉は和牛，豚肉は大型種．各々脂身付の測定値．　*：レチノール当量．

8.2 ヒツジの産肉生理

　ヒツジにおける肉生産の主体は生後1年未満のラム肉であり，大半は成長過程にある子羊のうちに出荷される．このため，仕上げの段階でも牛肉のように筋肉繊維間に脂肪（サシ）が入ることはなく，また，それを求めるものでもない．適度な皮下脂肪の付着は必要であるが，子羊の肥育では若齢期の旺盛な発育を最大限に利用して，効率的に骨格と筋肉を発達させることである．

　ヒツジの体は骨→筋肉→脂肪の順で発育し，摂取した栄養も同じ順序で優先的に利用されるため，初期段階で栄養不足になると筋肉や脂肪の発達に大きく影響する．一般に子羊の肥育は離乳直後から開始するが，離乳後に飼料を十分に食い込ませるためには，肥育開始前の哺育期にクリープ・フィーディングを実施し，消化器の機能を高めておくことが重要である．子羊の反芻胃は生後4～5週齢には成羊と同等の機能をもつようになるが，固形飼料だけで栄養を摂取できるようになる時期は，通常8週齢以降である．哺育期の子羊は骨や内臓，筋肉を発達させるため，その養分要求はきわめて高いが，離乳後の肥育期においても通常の育成羊に比べて高い栄養水準の飼料が必要となる（表8.7）．肥育期間は一般に2～3ヶ月間であり，枝肉の増加量については4～6ヶ月齢で肥育を開始した場合は3ヶ月間の肥育，8ヶ月齢で開始した場合は2ヶ月の肥

表 8.7 育成羊と肥育羊の給与飼料中の養分含量（乾物中%）
（日本飼養標準 1996 年版）

区　分	体　重 (kg)	TDN* (%)	CP** (%)	カルシウム (%)	リ　ン (%)
通常の育成（雄羊）	10	96.0	19.0	1.40	0.60
	20	79.0	13.0	0.70	0.56
	30	72.0	10.0	0.30	0.21
	40	60.0	10.0	0.28	0.15
	50	77.0	9.0	0.26	0.15
肥育（雄羊）	10	96.0	19.0	1.40	0.60
	20	79.0	13.0	0.70	0.56
	30	77.0	14.0	0.50	0.25
	40	77.0	12.0	0.44	0.24
	50	60.0	10.0	0.40	0.22

＊：可消化養分総量，＊＊：粗タンパク質．

育が有利であり，生後10ヶ月齢を超えると肥育効率が低下するといわれる．図8.1〜8.2にラム肉の仕上げ体重と枝肉構成および脂肪厚を示した．枝肉歩留まりや枝肉重量は仕上げ体重の増加に伴って増加するが，枝肉全体に占める赤肉の割合は低くなる．脂肪の蓄積は仕上げ体重が46〜50 kgから急速に進み，61〜65 kg以上ではさらに増加する．

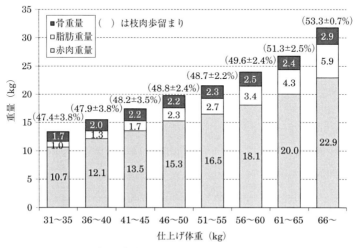

図 8.1　仕上げ体重と枝肉の構成（日本緬羊協会，1995）

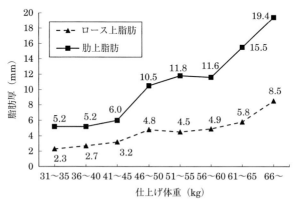

図 8.2　仕上げ体重と脂肪厚（日本緬羊協会，1995）

8.3 羊肉の特徴

8.3.1 羊肉の種類とその特徴

羊肉は生後1年未満のラムとそれ以上経過した成羊肉のマトンに大別されるが，ラムのうち，哺乳中の子羊をミルクラム，離乳時（3～4ヶ月齢）に出荷されるものをスプリングラムとよんでいる．また，マトンの中でも2歳未満の繁殖に使われていないヒツジの肉をホゲットと呼ぶこともある（図8.3）．ラム肉はマトンに比べて結合組織が少ないため，柔らかく肉色も淡い．また，一般的に月齢が若いほど脂肪が少なく水分が多い．

図 8.3 羊肉の種類

羊肉にはカプリン酸やペラルゴン酸という脂肪酸が含まれており，独特の風味（臭い）があるが，ラム肉ではその風味は穏やかである．

8.3.2 栄養素からみた羊肉の特徴

中国では古くから羊肉は体を温める作用があるといわれており，薬膳食材として取り扱われている．また，最近では体内の脂質代謝に重要な役割を果たすL-カルニチンが羊肉（特にマトン）に多く含まれていることから，ダイエット効果のある健康食品として話題となっている．たしかに，L-カルニチンは脂肪酸を燃焼させてエネルギーに変えるために必要な物質であるが，これを経口摂取することによって体脂肪が減少するという確証はない．また，体を温める作用についてもL-カルニチンとの関連は定かではないが，羊肉にはエネルギー代謝を促進するビタミンB群や鉄が豊富に含まれていることは確かである．鉄は全身の組織に酸素を運搬し貧血を予防するほか，ナイアシンやビタミンB_6やビタミンCとともにL-カルニチンの生合成に不可欠な成分でもある．このようなことから，これらの成分が相互に作用することによって，体内のエネルギー代謝を高め，体を温めたり脂肪を燃焼させる一助になると考えられる．

羊肉に含まれる脂肪酸は，他の食肉と同様にパルミチン酸，ステアリン酸，オレイン酸が主体である．従来，飽和脂肪酸は血中のコレステロール値を上げるといわれてきたが，パルミチン酸にはコレステロール値を上げる作用はなく，ステアリン酸には悪玉コレステロールと呼ばれる低比重リポタンパク質（LDL）を減らし，善玉コレステロールの高比重リポタンパク質（HDL）を増やす働きがあることが確認されている．また，1価不飽和脂肪酸のオレイン酸にはコレステロール値を下げる働きがある．

　羊肉の脂肪酸組成の特徴は，高脂血症を抑制する働きのある多価不飽和脂肪酸を豊富に含んでいることであり，特にリノレン酸（n-3）の含量は和牛肉や豚肉よりも多い．多価不飽和脂肪酸の中で必須脂肪酸と呼ばれるリノール酸，アラキドン酸およびリノレン酸が血小板の凝集や動脈壁の弛緩・収縮などに関与しているが，n-6系（リノール酸系）と n-3系（α-リノレン酸系）には，それぞれ対照的な作用があることから，食事として摂取する両者の比率（n-6/n-3）が重要視されている．その望ましい値は 4.0 程度といわれているが，豚肉が 19.8 であるのに対してラム肉が 2.9，マトンについては 3.9 であり，羊肉は多価不飽和脂肪酸のバランスがよい食品といえる．また，動脈硬化やがんの発生原因となる過酸化脂質の体内での過剰生成を抑えるためにはビタミン E と多価不飽和脂肪酸の比率（E/PUFA）が 0.4 以上であることが望ましいといわれているが，ラム肉では 0.67，マトンでは 0.78 と高い値である（表 8.8）．なお，脂肪酸組成に関連し，羊肉は脂肪の融点（44～55℃）が牛肉（40～50℃）や豚肉（36～46℃）に比べて高く固まりやすいため，一般に冷食には向かないとされているが，脂身を取り除けば牛肉と同じように刺身やタタキなど，生で食べることができる．　　　　　　　　　　　　　　　　　　　〔河野博英〕

表 8.8　畜種別の脂質生理指数（日本食品標準成分表，1995）

区　分	n-6 (g)*	n-3 (g)*	n-6/n-3 比	E/PUFA (mg/g)
ラム（ロース）	4.7	1.2	3.9	0.78
マトン（ロース）	4.7	1.6	2.9	0.67
牛肉（サーロイン）	1.6	—	—	0.61
豚肉（ロース）	7.9	0.4	19.8	0.11

ラムおよびマトンは輸入肉．牛肉は和牛，豚肉は大型種．各々脂身を取り除いたものの測定値．　*：可食部 100 g あたり．

8.4 ラム肉の生産

8.4.1 ラム肉の定義と種類

わが国ではラム肉は一般に生後1年未満の羊肉をさす．他国ではこれにさらに永久歯が生えていないもの等を定義に加える場合もある．

ラム肉の中にも，と畜した月齢や飼養形態などによりミルクラム，スプリングラム，放牧仕上げラム，（濃厚飼料給与）舎飼い仕上げラム，等の区分された呼び方がある．

フランスなどにおいてミルクラムは生後8週間以内でと畜した母羊のミルクで仕上げた子羊肉のことをさす．しかし，国によっては次に述べるスプリングラムを含む場合がある．

スプリングラムは離乳前の子羊のことをさし，季節繁殖で分娩が冬期であるため出荷時期によりこのように呼ばれる．広義にはこのスプリングラムをミルクラムと呼ぶ場合があり，わが国でもそのように呼ばれる場合が多い．

表 8.9 EUにおけるラム肉の生産様式（Vergara *et al.*, 2003 から抜粋）

品　種	月齢	冷と体重(kg)	主飼料	ラムサイズおよびタイプ
チュルラ	1.0	5.5	母　乳	哺乳子羊，スペイン
カラゴウニコ	1.7	8.4	母　乳	哺乳子羊，ギリシャ
ラサ・アルゴーネサ	2.8	10.1	濃厚飼料	小型ラム，スペイン，テルナスコ
ウエリッシュマウンテン	5.0	10.5	放牧草	小型ラム，イギリス，放牧草
カラゴウニコ	2.8	11.1	濃厚飼料	小型ラム，ギリシャ，濃厚飼料
Appeninnica	2.4	11.2	濃厚飼料（離乳前）	小型ラム，イタリア，濃厚飼料
マンチェガ	3.0	12.0	濃厚飼料	小型ラム，スペイン，濃厚飼料
カラゴウニコ	5.6	13.2	放牧草	中型ラム，ギリシャ，放牧草
メリノ	3.0	13.3	濃厚飼料	中型ラム，スペイン
アイスランディック	2.7	14.5	放牧草（離乳前）	中型ラム，アイスランド
ウエリッシュマウンテン	7.4	15.1	放牧草	中型ラム，イギリス
ラコーヌ	3.3	15.3	濃厚飼料	中型ラム，フランス，濃厚飼料
カラゴウニコ	4.2	15.5	放牧草＋濃厚飼料	中型ラム，ギリシャ，放牧草＋濃厚飼料
アイスランディック	4.3	16.4	放牧草（離乳前）	中型ラム，アイスランド
アイスランディック	7.0	17.1	放牧草	中型ラム，アイスランド
サフォーク×ミュール	4.0	17.5	放牧草（離乳前）	大型ラム，イギリス，放牧草
ベルガマスカ	6.0	18.7	放牧草	大型ラム，イタリア，放牧草
ベルガマスカ	5.0	20.2	濃厚飼料	大型ラム，イタリア，濃厚飼料
サフォーク×ミュール	7.2	20.6	濃厚飼料	大型ラム，イギリス，濃厚飼料

舎飼い仕上げラム，放牧仕上げラムは離乳した後に一定期間肥育（仕上げ）されたもので，そのと畜前の飼養形態により呼び分けられる．舎飼い仕上げラムにも，1985年頃まで主流であった放牧を経て舎飼いを行うものと，それ以降主流となった放牧を経ず舎飼いを行う2形態がある．ラム肉生産の歴史が古いEUの中でもと畜時期，仕上げ方式に加え，羊の品種を組み合わせたさまざまなラム肉生産方式がとられており，表8.9に示したのはその一部である．

8.4.2 わが国のラム肉生産

コリデールが主用品種であった戦前においても，ラム肉を想定した肥育試験が滝川種羊場において実施されており，飼料の配合，給与量，飼育場所の明暗および運動の有無について検討がなされている．しかし，ラム肉という分類が一般的でなく，浸透しているとは言いがたかった．

その後，1965～1975年にはコリデールからサフォークへと主用品種が転換されたが，この時期に想定されていたラム肉生産方式は以下の3つであった．

2月～3月に生まれた子羊のうち，

① 単子など発育の良いものは補助飼料を与えて離乳までにスプリングラムとして出荷する（4～6月）．
② 残った子羊を良質な草地で肥育し放牧仕上げラムとして出荷する（7～10月）．
③ 終牧まで残っためん羊は舎飼い仕上げラムとして出荷する（11～1月）．

この組合せによりほぼ周年のラム肉出荷を実現するというものであった．

現在では，内部寄生虫駆除の困難さ，季節外繁殖による分娩時期の拡大，出荷時体重の大型化などにより，放牧を経ない舎飼い仕上げが主流となっている．

8.4.3 ラム肉生産の実際

a. 子羊における固形物消化能力の発達

子羊における固形物消化能力の発達はクリープ・フィーディング（授乳時にある程度固形飼料を食べさせること）の有無により異なり，クリープなしの場合は6ヶ月である．しかし，2週齢からクリープ・フィーデングを実施した場

8.4 ラム肉の生産

表 8.10 成羊およびクリープ・フィーディングを行った子羊の消化率（％）（滝川畜試，1996）

	成羊	2-3*	2-4	3-4	4-4
乾物	73.5	72.3	72.0	71.3	70.5
粗タンパク質	77.8	75.0	74.8	74.5	71.6
粗脂肪	74.0	69.5	73.9	71.7	69.7
NFE**	79.2	78.5	77.4	77.2	76.4
粗繊維	60.2	59.2	60.8	58.3	59.2

*：2ヶ月齢で離乳した子羊の3ヶ月齢時の消化率.
**：可溶無窒素物.

合は，2ヶ月齢には成羊にほぼ相当する消化能力を有する．また反芻胃（ルーメン）内での揮発性脂肪酸（VFA）産生能力についても同様のクリープ・フィーデングを実施した場合は，4ヶ月齢時には成羊と同程度となる（表 8.10）．舎飼いでクリープ柵を利用し子羊のみが摂食可能な濃厚飼料を体重比2％給与することにより，スプリングラムとしての出荷量増加を図ることができる．

b. 肥育によるラム肉の変化

一般に放牧は同じ月齢の舎飼いより赤肉の色が濃くなる．また，肥育期間が長くなると赤肉の色が濃くなる．滝川畜産試験場（当時）での試験によると，母子放牧後舎飼いで2ヶ月肥育したラム肉には放牧仕上げのラム肉とに肉色の差はなく，肉色の改善効果はなかった．

放牧仕上げではルーメン内でアミノ酸であるトリプトファンが分解される．その際生成されるインドールおよびスカトールが脂肪組織に沈着し，ラム肉が「放牧臭」を発する原因となる．タンパク質含量が高いシロクローバなどマメ科牧草の優勢な草地では，この「放牧臭」が強くなる．

また，ルーメン内で生成されたプロピオン酸塩から4-メチルオクタン酸や4-メチルノナン酸などの分岐鎖脂肪酸が生成される．これらの分岐鎖脂肪酸は羊肉特有の臭気である「マトン臭」の原因物質であり，脂肪に沈着する．この「マトン臭」は肥育期間が長引くほど多く蓄積される．また，大麦などの穀物を多量に給与すると，この「マトン臭」が強くなることが知られている．

c. 肥育に必要な養分量および濃厚飼料給与水準

国内での肥育は終了時体重が60 kgを超えるものが主流となっているが，1998年度にめん羊の日本飼養標準が発行されており，肥育の際の指標となっている．しかし，日本飼養標準は肥育に関するエネルギー，タンパク質要求量

が書かれているが，生体重で 50 kg までの記述となっている．これは経験的モデルにより飼養標準が作成されたため，当時滝川畜産試験場において終了時体重の基準である 50～55 kg の体重が上限となったことによる．

　海外の主要な飼養標準としては，アメリカによる飼養標準（小型反芻家畜；NRC, 2006）およびオーストラリアによる飼養標準（反芻家畜；CSIRO, 2007）がある．ともに機械論的手法を用いて作成されているため，適合度は別として，現在日本国内で行われている 60～70 kg での肥育においても各種要求量の算出は可能である．　　　　　　　　　　　　　　　　　　　〔山内和律〕

引用・参考文献

Commonwealth Scientific and Industrial Research Organisation (CSIRO) (2007) : *Nutrient Requirements of Domesticated Ruminants*.
北海道庁種羊場（1940）：緬羊肥育試験に就いて．緬羊彙報，16 号：11-16.
北海道立滝川畜産試験場（1996）：双子子羊早期出荷のための舎飼い肥育技術．北海道農業技術会議資料.
Natinal Research Council (NRC) (2006) : *Nutrient Requirements of Small Ruminants*, National Academy Press.
農林水産省農林水産技術会議事務局（1996）：日本飼養標準・めん羊（1996 年版），中央畜産会.
Sanudo, C. *et al.* (2003) : Meat texture of lambs from different Euripean production systems. *Australian Journal of Agricultural Research*, **54** : 551-560.
Scheurs, N.M. *et al.* (2007) : Skatole and indole concentration and the odour of fat from lambs that had grazed perennial ryegrass/white clover pasture or lotus corniculatus. *Animal Feed Science and Technology*, **138** : 254-271.
タイムライフブックス編集部（1982）：ラム肉料理，タイムライフブックス社.

8.5　羊肉の加工

8.5.1　肉の熟成と枝肉の分割

　食肉は屠畜後に冷蔵庫内（0～4℃）で一定期間貯蔵することにより，食味を増加させる．このことを肉の熟成といい，ラム肉で 2～4 日間，マトンでは 1～3 週間程度枝肉の状態で吊るしておく．この間に肉は死後硬直が解けるとともに，肉中のタンパク質が酵素の働きによって加水分解されて柔らかくなり，保水性や旨味・風味が増す．

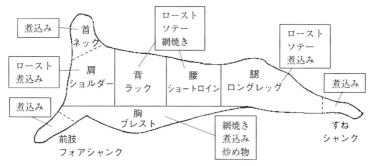

図 **8.4** ヒツジ枝肉の分割と調理法

熟成を終えた枝肉は用途によって切り分けられるが，それぞれの部位の特徴に合わせた調理法があるため，一般的には図 8.4 のように分割される．

8.5.2　羊肉の調理

羊肉は古くからさまざまな文化圏で儀式や祝祭に用いられており，世界各国で高級食材としてさまざまな料理に用いられている（図 8.5）．また，羊肉は宗教にかかわりなく食用に供せられることから，日本においても国賓を招いての晩餐会では羊肉料理がメインディッシュとなる．

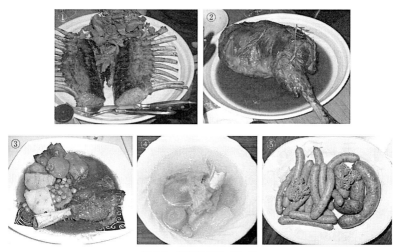

図 **8.5**　羊肉料理のいろいろ
①ラムラックのオーブン焼き，②もも肉のロースト，③すね肉の煮込み，④すね肉のスープ，⑤羊肉のソーセージ．

かつて日本では，オーストラリアから輸入された冷凍マトンをハムやソーセージのつなぎ材料として大量に使用しており，店頭で販売される羊肉も各部位をまとめてロール状にした冷凍マトンであった．しかし，現在は加工食品も他の畜肉との混ぜものとしてではなく，国産羊肉100％のソーセージやレバーの燻製などの羊肉製品も販売されており，店頭にはチルドで輸入されたラム肉が店頭に並ぶようになった．また，国産ラム肉もインターネットなどで部位別に購入することもできるようなり，バーベキューなどで羊肉を食べる機会も増えたが，テーブルミートとして利用されるまでには至っていない．そこで，本書では家庭で手軽に楽しめるラム肉の調理方法について述べることとする．

a. 麻辣ジンギスカン

〈材料〉

　ラム肉（焼肉用スライス）

　醤油　酒　みりん　サンショウ（粉末）　鷹の爪（輪切り）

〈作り方〉

　①醤油，酒，みりんを3：1：1の割合で混ぜ，粉末のサンショウと輪切りにした鷹の爪を適量加え，漬けダレを作る．

　②焼き肉用にスライスしたラム肉を①に入れ，肉全体にタレが絡むようにして30分程度漬けておく．

　③ジンギスカン鍋で焼くか，網焼きにするとおいしく焼ける．

b. ラム肉のタタキ

〈材料〉

　ロースまたはうちもも肉のブロック

　塩　コショウ　サラダ油　醤油　ショウガ　ニンニク

〈作り方〉

　①ラム肉は脂肪とすじをきれいに取り，塩，コショウをする．

　②フライパンにサラダ油をひいて①の表面を焼く．

　③ボウルに冷水を用意しておき，きれいに焼き色がついた②を冷水で冷やして肉に熱が通り過ぎないようにする．

　④③を冷水から取り出し，表面の水分をフキンなどできれいに取り除いたうえでラップで包み，冷蔵庫にしばらくおく．

　⑤④を5mm程度の厚さに切り，皿に盛りつけて，おろしショウガとおろ

しニンニクを添える．

（タタキはショウガ醤油やニンニク醤油で食べる以外に，オリーブオイルと塩，コショウなどでカルパッチョ風にしてもよい．

c. シャシリック（ロシア風ラム肉の串焼き）

〈材料〉

　もも肉（ブロック）：500 g

　ニンニク：1片　オリーブオイル：60 mL

　塩　コショウ　ナツメグ　クミン

〈作り方〉

　① ラム肉は 3 cm 角に切り分け，塩，コショウ，ナツメグ，クミンをふりかける．

　② ボウルに①の肉とみじん切りにしたニンニク，オリーブオイルを入れて混ぜ合わせ，2 時間程度おく．

　③ ②を串に刺して，網焼きにしていただく．

（肉の間にタマネギやパプリカ，ズッキーニなど好みの野菜を加えてもよい．）

d. ナヴァラン（ラム肉の煮込み野菜添え）

〈材料〉

　ネック・かた肉（ブロック）：1 kg

　タマネギ：1個　セロリ：1/2本　ニンニク：2片　トマト缶：400 g

　白ワイン：200 cc　砂糖：小さじ 2　小麦粉：大さじ 2

　サラダ油　バター　塩　コショウ　ナツメグ　ローリエ

　ニンジン：1本　ジャガイモ：2個　小カブ：5個　サヤインゲン：100 g

〈作り方〉

　① ラム肉は 4 cm 角程度に切り，塩，コショウ，ナツメグで下味をつける．

　② フライパンにサラダ油を熱して①を入れ，表面がこんがり色づくまで炒める．

　③ バターを入れた鍋に②の肉を移し，砂糖と小麦粉を加えてかき混ぜながら 2～3 分炒める．そこに白ワインを加えて弱火にしておく．

　④ 肉を取り出したフライパンでタマネギ，セロリ，ニンニクを透明感が出るまで炒め，③の鍋に移す．

　⑤ ④にトマト缶を入れて肉が煮汁に隠れる程度に水を加える．ローリエ，

塩，コショウを入れ，沸騰したら弱火にして約1時間煮込む．このとき，浮いてきたアクと油をていねいに取り除く．
　⑥別の鍋にバターとサラダ油を熱し，食べやすい大きさに切ったニンジン，ジャガイモ，小カブを入れて，かき混ぜながら5〜6分炒める．
　⑦⑤に⑥を加え，フタをして野菜が柔らかくなるまで（30分程度）弱火で煮込む．サヤインゲンはこれとは別に塩ゆでしておく．
　⑧野菜に火が通ったら塩，コショウで味をととのえ，塩湯でしたサヤインゲンを加えてできあがり．

e. 羊肉の紹興酒煮込み

〈材料〉
　ばら肉（ブロック）：1 kg
　長ネギ：2本　ショウガ：50〜60 g　八角：2個
　紹興酒：500 mL　醤油：100 mL　砂糖：150 g　片栗粉
　チンゲンサイ：2株　塩：少々

〈作り方〉
　①肉をブロックのままたっぷりのお湯に入れ，アクと油を取りながら弱火で1時間程度ゆでる．火を止めた後，フタをしたまま約1時間おく．
　②①の肉を取り出して5〜6 cm角に切り分け，別の鍋の底にきれいに並べる．
　③②にぶつ切りにした長ネギ，薄切りのショウガ，八角，紹興酒，醤油，砂糖を入れ，肉が隠れるまで①の煮汁を加える．加える煮汁はアクと油をきれいに取り除いておく．
　④③に落としブタをして弱火で2時間程度煮込む．
　⑤チンゲンサイは縦6つに切り分けて軽く塩ゆでしておく．
　⑥皿に肉を盛り付け，そのまわりにゆでたチンゲンサイをあしらう．
　⑦④の煮汁を煮立たせて水溶き片栗粉でとろみをつけ，盛りつけた肉にかけてできあがり．

f. 羊肉まんじゅう

〈材料〉（6〜8個分）
・具の材料
　ラム肉（部位はどこでもよい）：250 g

干しシイタケ：2枚　タケノコ（水煮）：50 g　長ネギ：1本
ショウガ：ひとかけ　醤油：40 mL　オイスターソース：10 mL
酒：30 mL　砂糖：10 g　ごま油：15 mL　塩・コショウ：少々
・生地の材料
強力粉：100 g　薄力粉：100 g　ドライイースト：10 g
塩：2 g　砂糖：15 g　ごま油：15 mL　ぬるま湯：120 mL

〈作り方〉
・生地を作る
　①ボウルに強力粉と薄力粉を合わせてふるい，塩，砂糖，ドライイーストを加えて混ぜ合わせ，ぬるま湯（45℃）を加えてこね合わせる．
　②生地がまとまったらごま油を加え，全体がなめらかになるまでよくこねる．
　③生地を丸くまとめてボウルにラップをかけ，2倍程度の大きさになるまで約1時間，1次発酵させる．
　④生地を取り出してガス抜きし，棒状に伸ばして6～8等分にする．
　⑤切り分けた生地は1つずつ丸くまとめてラップに包み，10分程度休ませる．
・具を作る（1次発酵の間に準備する）
　①ラム肉は1 cm角に刻んでおく（挽肉にしてもよい）．
　②水で戻した干しシイタケ，タケノコ，長ネギ，ショウガはそれぞれみじん切りにしておく．
　③①と②をボウルに入れ，醤油，オイスターソース，酒，砂糖，ごま油，塩，コショウを加えて全体に調味料がなじむまでよく混ぜ合わせる．
・生地に具を包んで調理する
　①生地を直径10 cm程度の円形に伸ばし，具を包み込む．
　②適当な大きさに切ったクッキングシートの上に①をのせて20分程度2次発酵させた後，蒸し器に入れて強火で15分程度蒸してできあがり．

〔河野博英〕

8.6 羊乳の特徴と加工

　ヒツジの畜産的利用といえば，わが国では羊毛と羊肉を指すことが一般的であり，羊乳についてはなじみが薄く，口にしたことがない人がほとんどと思われる．しかし，世界的にみると，その利用は牛乳以上に古く，ヨーロッパでは紀元前から飲まれ，また加工されていたと伝えられている．羊乳には，脂肪が7％前後，タンパク質が6％前後も含まれ，いずれも牛乳の2倍近い値である．さらに，ビタミンやミネラル，あるいは健康に良いとされる共役リノール酸も豊富に含まれていることから，病人や虚弱なヒトへの飲用乳として，薬のような感覚で用いられたようである．したがって，ヒツジの家畜化は，毛や肉の利用を目的としたものよりも，初期にはむしろ乳利用が主目的であったともいわれている．

　羊乳の利用は，飲用のほか，チーズの原料としても古くから用いられており，ギリシャのフェタや，イタリアのペコリーノ・ロマーノなどは，紀元前から作られていたようである．フランスの代表的な青カビチーズの1つであるロックフォールも羊乳から作られている．前述のように，羊乳には脂肪やタンパク質が豊富に含まれているので，羊乳を原料としたチーズは，牛乳から作られるチーズに比べて，濃厚で特有のコクやうまみをもつものが多い．

　現在，羊乳のおもな生産国は，ヒツジの飼育頭数が最も多い中国のほか，トルコ，シリア，イランなど中近東の国々と，イタリア，ギリシャなど羊乳加工の歴史が古いヨーロッパの一部の国々である．

　わが国でも，ごく少数ではあるが，乳用種のヒツジを飼育して，生乳やチーズなどの加工品を販売している農場もある．　　　　　　　　　　〔田中智夫〕

9. 毛・皮生産

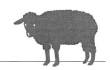

9.1 羊毛の構造

羊毛も他の動物がもつ「毛」の一種であることに変わりはなく，したがってヒトの「髪の毛」と同様にタンパク質で構成されており，その構造も基本的には同様である．

羊毛の構造を，模式的に図 9.1 に示す．羊毛の外側は，他の動物の毛と同様に，いわゆるキューティクル（cuticle）と呼ばれる表皮細胞（スケール scale）で覆われている．キューティクルは，魚の鱗のような付き方をしているので，鱗片細胞とも呼ばれる．その最も外側をエピキューティクル（epicuticle）と呼び，最も内側をエンドキューティクル（endocuticle），そして中間層をエクソキューティクル（exocuticle）という．キューティクルに覆われた内側には，コルテックス（cortex）と呼ばれる皮質細胞が詰まっている．コルテックスに

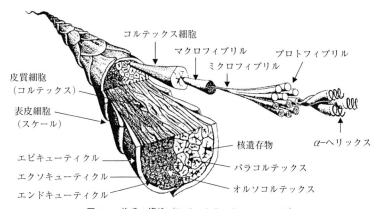

図 9.1 羊毛の構造（Ryder & Stephenson, 1968）

は,オルソコルテックス (orthocortex),パラコルテックス (paracortex) の2つがあって,それぞれ交互に伸びるような成長をするので,それによって捲縮といわれる縮れができると考えられる.コルテックス細胞は,マクロフィブリル (macrofibril) が集まってできており,マクロフィブリルはミクロフィブリル (microfibril) が集まってできている.さらにミクロフィブリルはプロトフィブリル (protofibril) が集まったもので,プロトフィブリルは螺旋状の形態をもつ α-ヘリックス (α-helices) が集まったものである.毛の中心部は,メデュラ (medulla) と呼ばれる髄皮細胞(毛髄)であるが,痕跡的でほとんどないと考えてよい.したがって,羊毛は,α-ヘリックスとキューティクルによって構成されているといえる.

9.2 ヒツジの産毛生理

前述のように,羊毛は毛の一種であるので,皮膚表面の細胞と化学的にはほぼ同様で,この点では角や蹄とも類似している.

毛根 (wool follicle) から伸びる羊毛の縦断面の模式図を図 9.2 に示す.羊毛を生産するおおもとともいえる毛根は,胎児の頃にすでに形成され始める.その後,毛根細胞は急速に分裂し発達して,羊毛の繊維が伸びてゆく基となるパピラ (papilla) あるいは毛球または毛胞と呼ばれる組織を形成するとともに,毛穴が形成され始める.皮膚の毛穴のすぐ横には汗腺 (sweat gland) が

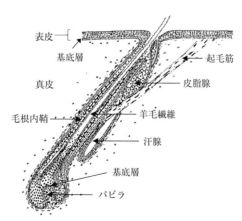

図 9.2 毛根から伸長する羊毛の縦断面(Wildman, 1932)

開口しており，毛と汗腺の間には皮脂腺（sebaceous gland）があり，毛の伸長とともに，それぞれから汗と羊脂（yolk）が分泌されてその毛に付着して，毛を保護する．羊毛に触れると手がべたべたするのは，この汗と羊脂による．

　毛根付近の基底層細胞がほぼできあがった後も，パピラは活発に発達し続けて毛を伸長させる．毛は，毛穴までの約 1/3 の長さまで伸びると，繊維がケラチン化して硬くなり始める，すなわちキューティクルが形成され始める．そして，毛はさらに伸びて皮膚表面から出てくるのである．

　このような毛の成長には当然ながら栄養成分が必要であり，パピラには多量の血液が供給されている． 〔田中智夫〕

9.3　羊毛の利用と加工

9.3.1　日本における羊毛利用の歴史

　日本における羊毛の歴史は，正倉院の宝物（756）にさかのぼる．花氈（図 9.3）を東大寺に献納し，60 床を内裏に敷き詰めたという記録がある．奈良時代の『延喜賦役令』（967 年）には下野国から毎年 10 枚の氈を貢納とあるが，当時日本で作られたものかどうか真偽は定かではない．いずれにせよ日本にヒツジを飼育する文化が根付くことはなかった．羊毛が普及するのは明治に入ってからで，国策として軍服官服を供給するために導入された．戦後，1950 年代の衣食料難の時代には 100 万頭近くまで増えたが，1961 年の羊毛輸入自由化以降激減，1976 年には約 1 万頭にまで減っている．ヒツジを飼育する文化をもたない日本だが，こと羊毛消費に関しては，1947 年の羊毛輸入再開以降

図 9.3　北倉 150 花氈第 4 号（正倉院宝物）

急増し,2006年資料では中国・アメリカに次いで世界第3位,世界中の羊毛の7.3%,年間1人あたり約0.7 kgを消費している.用途はおもに紳士用スーツ,学生服,ニットなど衣料品,そしてカーペット等であり,おもな輸入先はオーストラリア,ニュージーランドである.このように日本は,ヒツジは知らなくても羊毛好きな国といえる.

9.3.2 羊毛の特徴

羊毛(ウール wool)とはヒツジから刈り取った繊維である.刈ったヒツジの毛は,まるでコートを脱ぐように1枚に広げることができる(図9.4).それをフリース(fleece)という.もともとフリースとはヒツジから毛刈りした,ひとつながりの原毛をさす.

羊毛は,大きく分けて①ヘアー(hair):太くてまっすぐな毛=直毛,②ウール(wool):やわらかくて細い毛=産毛,③ケンプ(kemp):固く太く,中心に毛髄(メデュラ medulla)と呼ばれる中空のある細胞を含む繊維,の3種類がある.毛は毛根(フォリクル follicle)から発生する.ヘアーの太い毛を囲むようにウールの細い毛が密生して1つのグループとなり,1房(ステイプル staple)を形成する(図9.5).すなわち,原種に近い品種ほど,この毛質と繊度の極端に違うヘアーとウールが1ステイプルの中に内在する(図9.6).また,肩と尻など部位によっても毛質は異なる.すなわちヘアーで雨のしずくを落とし,肌に密生したやわらかい毛・ウールで体温を保つのである.ヒツジの品種改良の歴史の中で,人間はこの柔らかい毛を産するヒツジを残して,羊毛が白く細番手になるよう品種改良していった.それが究極には15世紀頃に

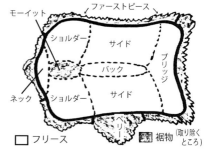

図9.4 スカーティング(毛刈りしたてのフリースからゴミや裾物を取る作業)

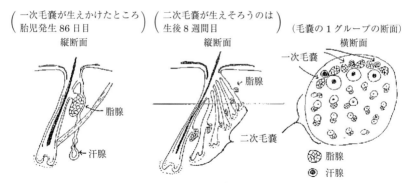

図 9.5 ステイプルの成り立ち（Cottle, 1990 より改変）

図 9.6 メリノ（上）とナバホ（下）の毛質の違い

図 9.7 "Rooin" のようす（Shetland Museum and Archives より）

スペインで品種交配され，18世紀末にオーストラリアに持ち込まれた．

さて羊毛は毎年毛刈りをして採毛する．しかし近年まで英国のシェットランド島のように，春になって脱毛しつつあるヒツジをつかまえ，その浮いた毛を抜き取る"Rooin"という習慣が残っていた地域もあった（図 9.7；近年はバリカンで毛刈りしている）．家畜化されたヒツジは人間が毛刈りしないと，そのまま脱毛することなく伸び続ける．

a. 羊毛は動物性の繊維でタンパク質からでき，表皮はスケールに覆われている

羊毛は爪や皮と同じケラチンと呼ばれるタンパク質でできており，このケラチンは19種類のアミノ酸と1種類のイミノ酸が組み合わされてできている．

羊毛繊維の表皮には，スケールといわれる鱗状のものが根元から毛先に向かって重なり合っており，空気中の湿気や酸やアルカリで開いたり閉じたりす

る．羊毛は呼吸するといわれるゆえんである（図 9.8）．スケールを顕微鏡で見ると，表面をエピキューティクルというごく薄い膜で覆われており，これが水をはじく性質をもっている．その内側のエンドキューティクル，エクソキューティクルは，反対に親水性の膜で，細かい孔を通過した湿気をウールの芯に伝える（図 9.9）．この，水気ははじくが湿気は吸う，という矛盾した特徴をもっているのが羊毛である．羊毛の公定水分率は，気温 20℃，湿度 65% のときに 17%，湿度 100% では約 27.1% の水を吸着する．ポリエステルが 0.4% しか吸収しないことを考えると，羊毛はずば抜けた吸湿性をもっている．それが雨をはじいても体温を保ち，汗を吸って肌にはさらりと汗冷えしない理由で，登山やスポーツをする人にウールの衣料が今も根強い人気があるゆえんである．

しかしこのスケールをもっていることによって，表皮のウロコが肌にチクチクすると感じることもある．ヤギの一種であるカシミヤにもスケールがあるが，厚味が薄く，エッジが滑らかなのでチクチクしない．

スケールは湿度によって開閉するため，湿気と摩擦を与えるとスケールどうしが絡み合って縮んでフェルト化する．例えば羊毛のセーターを洗濯機で洗うとフェルト化するのは，このスケールが開閉し絡み合いが促進されることによ

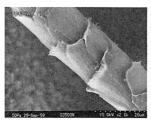 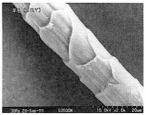

図 9.8　羊毛繊維の表皮（日本毛織物株式会社提供）
左：スケールが開いた状態，右：閉じた状態．

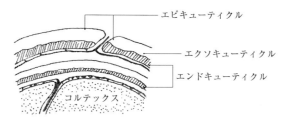

図 9.9　羊毛繊維の断面（『ウールブック』平凡社，1989 より改変）

る．フェルト化することは羊毛の欠点といわれるが，この特徴を利用して織り上げた後フェルト化・縮絨させれば，切ってもほつれない丈夫な布を作ることができる．中央アジアの遊牧民のユルト（ゲル，パオ）といわれるフェルトの家も，羊毛をフェルト化させて作ったものである．

洗濯のたびに縮んでは困る衣料品には，フェルト化しないよう防縮加工されるものもある．近年ではスケールを塩素で除去したり，樹脂加工することによって，繊維の表面を滑らかにして，フェルト化しないように加工する技術が発達している．

一般に羊毛の衣類は，洗濯時にウール・絹用の中性の洗剤（モノゲンなど）を40℃ほどの湯に溶かしてそれに漬け込み，揉んだり摩擦しないようにして，手早くすすいで，30秒ほど軽く脱水すれば，フェルト化することはない．

b. 羊毛にはクリンプ（捲縮）がある

表皮のスケールの下の皮質部分はコルテックスと呼ばれ，性質の違うタンパク質が交互に貼り合わさっている（図9.10）．Aコルテックスは好酸性皮質組織，Bコルテックスは好塩基性皮質組織で，この2種のタンパク質が，空気中の温度や酸やアルカリに違う反応をするので，繊維が弓なりに縮み，半波長に1回の周期で反転している「半波長反転」の形で伸びている（図9.11）．この縮みをクリンプといって，引き伸ばしてもすぐに戻る性質があり，弾力性に富む．このクリンプ（捲縮）は羊毛の特徴の中でもきわめて大切なものである．繊維が捲縮しているので，絡みやすく糸に紡ぎやすく，またクリンプが弾力性を良くし，ふくらみのある，しわになりにくい，またこしのある，型崩れしにくい，空気を含んで保温性の良い，伸び縮みし肌なじみの良い衣服が作れる．

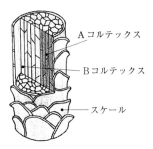

図 **9.10** コルテックスの構造（『ウールブック』平凡社，1989より改変）

図 **9.11** クリンプの模式図（『ウールブック』平凡社，1989より改変）

羊毛は難燃性という点でも優れている．羊毛は発火点が570～600℃と繊維の中で最も高く，しかも燃焼熱が4.9 kcal/gと低いため，燃焼したとしても，溶融せずに炭化し，皮膚を火傷から守ってくれる．そのため，消防士の制服や，飛行機のシート・カーペットにも羊毛が使われている．

　また羊毛は染色性が良いことでも秀でている．染色性は繊維を構成する高分子と染料との相性が良いかどうかで決まるが，羊毛を構成するケラチンは19種ものアミノ酸から成り立っているので，酸性・中性・塩基性，あるいは親水性・疎水性などさまざまな性質の部分をもち，広範囲の染料と安定的に結合できる．

　もう1つ，呼吸する繊維として有害物質を無毒化する「ウールの浄化作用」も近年知られるようになった[1]．ウールは，衣服やカーテン，敷物として使われることで，人の体や暮らしを守っているのだといえる．

　以上をまとめると，羊毛は，吸湿性が良く（＝汚れや水ははじくが汗は吸う），弾力性に富み，空気を含み暖かく，保温性があり，かつ空気を浄化する．また燃えにくく，染めやすく，色落ちせず，紡ぎやすく，復元性があるのでしわになりにくく，型くずれしにくい，といった多くの長所をもつ．しかも，毎年毛刈りすることによって収穫できる再生可能な資源であり，「反毛」（再生繊維）というリサイクルの流通システム（図9.12）もある，環境に与える影響の面でも優秀な繊維である．

　一方，欠点としては，動物性繊維なので虫に食われ，アルカリに弱く，フェルト化する，といった点がある．しかし生物に利用されやすいという弱点を逆に生かし，土中の微生物によって分解・堆肥化することで，化学肥料など外部からのエネルギー投入に頼らない持続可能な農業生産に寄与することができ，この点でも環境に優しい，エコロジカルな繊維であるといえる．

9.3.3　羊毛の分類

　羊毛の分類は，その視点・目的によってさまざまな仕方がある．例えば原種と，品種改良した家畜としての分類などである．羊毛の毛質に限っても，①繊

---

[1] 羊毛は室内の揮発性有機化合物（VOC，例えばホルムアルデヒドなど，シックハウス症候群の原因とされているもの）をわずか1時間でほぼ100％除去することが，北里環境科学センターとニュージーランド羊毛研究所によって報告されている．

9.3 羊毛の利用と加工

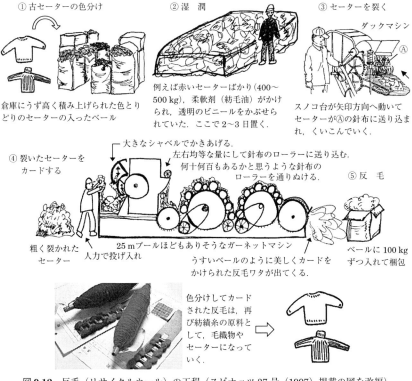

図 9.12 反毛（リサイクルウール）の工程（スピナッツ 37 号（1997）掲載の図を改編）

度で分類するなら，細毛種（メリノ等），中毛種（コリデール等），粗毛種（ハードウィック等）．②毛長で分類するなら，短毛種（サウスダウン等），長毛種（リンカーン等）．③土地の条件なら，例えば英国では低地種（ボーダー・レスター），山岳種（ブラックフェイス），丘陵種（サウスダウン）等に分けられる．また国によっても分類の仕方は異なり，オーストラリアでは産毛の大方を占めるメリノと，それ以外の品種クロスブレッド（Crossbred）の2つのカテゴリーに分ける．クロスブレッドはメリノより太い繊維のすべてをさすので，英国品種の産毛もクロスブレッドに含まれる．ニュージーランドでは，メリノ（60's 以上の細番手で薄手の衣料用），ハーフブレッド（Halfbred）（58〜50's の中番手でコリデール等セーターなどの衣料品），クロスブレッド（Crossbred）（50's 以下の太番手でロムニー，リンカーン等敷物用）と，分類される．

日本では衣料品としてのメリノが消費のほとんどを占めるため,「ラム」といえばメリノの子羊の毛をさす．また，ロムニー，チェビオット等の品種で区別されて取引されることが多い．

本項では工業生産の立場や，品種交配の立場ではなく，手工芸の素材として紡ぎや織りに利用する立場で，羊毛の毛質を用途に合わせて分類することを試みた．すなわち最極細繊維のメリノ（16μ）から，最極太繊維のリンカーンやハードウィック（40μ以上）までを,「毛質・キャラクター」と「用途」という切り口で，4つのカテゴリーに分けた（表9.1）．

・softness： メリノを中心に，その交雑種を含む柔らかい毛質．ポールワース（ポロワス）などおもにマフラー，ショール，肌に触れる衣料品．
・bulk： サフォーク，チェビオット等，嵩高性のあるグループ．セーター，ブランケット，ツイードなど，ふくらみのある中番手．
・luster： ロムニー，リンカーン等光沢のある毛質．おもに敷物用．
・kemp： ハードウィック等「ケンプ」と呼ばれる白髪っぽい毛質．繊維の真ん中の毛髄が中空になっていて，空気を含み軽くて暖かい．おもに敷物用だが，ハリスツイードなど，中番手のチェビオット等に混毛し，紳士用服地にされることもある．

9.3.4 羊毛の加工―編み，織り，フェルト―

a. 毛刈りに始まる羊毛の加工

羊毛の加工は大まかに，毛を洗う→染色→毛をほぐしカードする→糸を紡ぐ→撚り止め→編み，織り→服に仕立，という工程になる（図9.13）．ナチュラルカラーで使うのなら染色工程は不要である．また糸にする前のバラ毛で染めることもあれば，糸にしてから染めることもある．どのようなものを作るかによって工程は違ってくる．

近年（1980年以降）工芸手芸のジャンルでは，編み織りだけでなくフェルトが流行している．水を使って縮絨させる本来のフェルトだけでなく，ニードルパンチ針を繊維に刺して絡ませることによって人形や動物など，造形的な作品の作れるニードルパンチが，子供達にも人気である．

b. 工業紡績と手紡ぎの違い

工業紡績と手紡ぎでは「撚り」が大きく違う．繊維にテンションをかけなが

表 9.1 羊毛の毛質別繊度の分布

繊度* 's/μ	毛の特徴				番手分類 (代表的な用途)
	やわらかさ (softness)	弾力・嵩高性 (bulk)	光沢 (luster)	白髪っぽい毛 (kemp)	
120/14	メリノ				細番手
100/15					
90/16					
80/18					
70/19					
64/21	ポールワース				(マフラー ショール)
60/24					
58/26					
56/28	コリデール	チェビオット	シェットランド	サフォーク	中番手
54/30					
52/31				ロムニー	(服地 ニット)
50/33					
48/35					ウェリッシュ・マウンテン
46/37					ドライスデール
44/38			ウェンズリーデール	ハードウィック	太番手
40/39			リンカーン		
36/40					(敷物 靴下)
44					
46					
	○ メリノ 16μ	○ サフォーク 28μ	○ ロムニー 28μ	中空 40μ ドライスデール	

*：羊毛の毛番手の単位には以下の 2 通りの表し方がある．

's（セカント）＝1 ポンド（約 450 g）の洗毛トップ状の羊毛からできる 560 ヤード（約 512 m）の綛（かせ）の数．英国ブラッドフォード式の羊毛毛番手．数字が大きいほど細い羊毛であることを示す．近年この単位はほとんど使われなくなり，μ が用いられている．

μ（マイクロン）＝羊毛繊維の断面の直径で，0.001 mm を 1 マイクロンとする．羊毛の国際取引で標準的に用いられる．

図9.13 羊毛の加工工程

ら(引っ張りながら)糸を紡績していく工業製品と違い,手紡ぎは無撚りの糸を作ることもできる(例:カウチンセーターの糸,ニュージーランドのキーウィクラフト等).紡績糸では1mあたり200回以下では経糸として充分な強度をもたないが,手紡ぎでは100回以下でも可能で,空気を含む軽くて柔らかい糸ができる.

　また羊毛の選び方も違ってくる.例えばロムニーは,工業用では敷物用の太番手羊毛になるが,手紡ぎならニット,ショールなど衣類に使われる.手で作る糸は,機械の制約にとらわれず,糸の太さも撚り加減も,作り手によって大

9.3.5　日本のヒツジと羊毛

　戦後の日本は，毛肉兼用のコリデール種が中心だったが，現在は1967年に肉用に重きをおいて導入されたサフォーク種が多く飼われている．毛質は短毛で弾力があり，編みにも織りにも，また嵩高性があることから布団綿にも適している．しかし生産者一戸あたりの頭数が非常に少なく，多品種小ロットにならざるを得ない状況から，純血で血統を維持することは難しく，コリデールやチェビオットと雑種交雑されているのが現状である．よって羊毛も品種にこだわらず，毛の繊度とキャラクターで用途を考えていくことになる．

　日本のヒツジは国策としてのめん羊振興から始まったが，1980年代以降は，時代の流れ「ナチュラル志向」とあいまって，有機農業の提唱の一環として注目され始めた．「羊シンポジウム'89（羊をめぐる未来開拓者のつどい　盛岡）」「羊コミュニケーション（1991）」「神奈川フリースデー（1990〜2003）」などが開催され，1990年には百瀬正香が英国よりマンクス・ロフタンという甘茶色の希少品種を導入し，「レアー・シープ研究会」として活動が続いている．その後も「東京スピニングパーティー（2000〜）」や「Fleece of the year（2011〜）国産羊毛のコンテスト」「ヒツジパレット京都（2012〜）」と続き，羊飼いとスピナーが直接つながるイベントは各地で開催され，牧場から直接フリースを入手して，スピニングを楽しむ人も増えつつある．かつての官主導のめん羊飼育から，羊飼いが自主自立しての「民」へ移行し，ヒツジの文化が日本にも定着しようとする兆しがみえてきたように思う．今後この流れを継続していくには，家畜であるヒツジの，肉も毛も無駄なく利用する小ロット流通の確立が課題であろう．

〔本出ますみ〕

引用・参考文献

Cottle, D.J.（1991）：*Australian Sheep and Wool Handbook*, Inkata Press.
平井東幸（2004）：図解　繊維がわかる本，日本実業出版社．
松本包夫（1984）：正倉院裂と飛鳥天平の染織，紫紅社．
森　彰（1970）：図説　羊の品種，養賢堂．
長澤則大（2014）：繊維の王様　羊毛（スピナッツ90号），スピナッツ出版．

大枝一郎（1986）：ウールのすべて（別冊チャネラー），チャネラー．
Cottle, D.J.（1990）：*Wool Science*, Lincoln University, College of Agriculture.
佐野　寧（1984）：ウールの本，読売新聞社．
佐藤銀平（2011）：衣料と繊維がわかる本—驚異の進化—（化学のはたらきシリーズ第4巻），東京書籍．
Shetland Meseum and Archives.　http://www.shetlandmuseumandarchives.org.uk
下中　弘（1989）：ウールブック，平凡社．
正倉院事務所編（1996）：正倉院宝物2 北倉Ⅱ，毎日新聞社（宮内庁蔵版）．
山崎義一・佐藤哲也（2011）：せんいの科学　天然せんいとスーパーせんいの驚くべき機能と活用法，ソフトバンククリエイティブ．

9.4　皮・毛皮の利用

　ヒツジの皮は，そのまま羊皮あるいはシープスキンといわれ，中国読みでヤンピーともいわれる．ヒツジの皮膚は，他の動物と同様に，表皮，真皮，皮下組織の3層からなっており，真皮はさらに乳頭層と網様層（網状層）に分けられ，その状態が原皮としての質を左右する．真皮内には，毛根や皮脂腺が存在する．おもに高緯度地方を原産とするウールタイプのヒツジは，冬の寒さから身を守るため細い毛と皮下脂肪を蓄えており，羊毛をとるのには適しているが，真皮の密度は粗く強度を要求される革製品には適さない．中でも，メリノのような繊細な羊毛を生産する品種は乳頭層の繊維が細く，汗腺や皮脂腺が多いため，乳頭層と網様層がはがれやすく，羊皮としては良質であるとはいえない．これに対し，羊毛としては評価が低い太い毛をもつものほど，皮膚は丈夫で利用価値の高い原皮が生産される．特に，比較的低緯度地方に生息するヘアータイプのヒツジは，一年中夏のような気候で過ごすため保温用の毛や脂肪もあまり必要とせず，毛は粗く利用価値は少ないが，その皮質は密度が高く，手袋や靴用の皮革としては最適とされている．

　ウールタイプとヘアータイプの中間的なヒツジもおり，おもに四季のある温帯地方に生息している．これらのヒツジは，ウールタイプとヘアータイプの長所，短所をあわせもっていて，最終的に革製品の何を作るかによってそれぞれのタイプが使い分けられる．

　羊皮には抜毛羊皮と毛付羊皮があり，抜毛羊皮は手触りがよく，コートやハンドバッグをはじめ，インテリア，本の表紙などさまざまな用途に向けられる．若いヒツジの柔らかな質感の銀面を前面に押し出したラムスキンなども有名

で，これらはおもにラム生産の副産物として得られた皮を加工したものである．日本にも毎年多くの原皮が輸入されており，テーラージャケットやコートなどにも多く利用されている．

　毛付羊毛は，ムートンの商品名で敷物として広く販売されているほか，コートなどの衣料品にも加工されている．また，数多くのヒツジが飼育されているオーストラリアなどでは，生まれてすぐに死亡した子羊も無駄にすることなく，その毛皮をなめして，多くのものを継ぎ合わせたコートも高級品として扱われている．

　ミンクやシルバーフォックスと並ぶ高級毛皮として有名なアストラカンは，アフガニスタンや南西アフリカで飼育されているカラクールという品種の子羊の皮で，非常に高価で珍重される．一方で，日本で生産される羊皮は，生産量が少なく，また皮をはぐときに刀が使われることから皮に傷をつけることが多いため，原料としての価値はあまり高くない．一般には，と畜場で廃棄されることが多いが，ヒツジの付加価値を高めるため，一部には特産品としてムートンやポシェットなどの毛皮製品の製造・販売に取り組んでいる地域もある．

〔田中智夫〕

10. ヒツジの遺伝と育種・改良

10.1 遺伝と育種の基本事項

「育種」とは種あるいは品種を育成することからできた言葉で，遺伝的素質の改善を意味している．現在の畜産においては，現存する品種における遺伝的素質の改善を図ることが主となっている．

10.1.1 家畜育種の発達

a. メンデル以前の育種

家畜育種の発達は，18世紀にさかのぼる．まだメンデルの法則は発見されていなかったが，当時の「育種家」は親から子へ特徴が伝わることを経験的に知っており，そのため良い家畜を得るためには良い親どうしを掛け合わせることだと考えていた．現在の量的遺伝（後述）についての知識のない彼らが用いた基準は「外観」である．すなわち，有用と考える品種どうしを交雑し，それらの子の中から基準となる身体的特徴（審査基準および欠格条項）をもとに選択・淘汰を行い親になる個体（種畜）を選択（選抜）し，それらどうしで交配を行い生まれた子について再度基準に合わせて選抜する，という手順を何世代か繰り返し，血縁関係を構築しながら品種としての固定を図るという手順である．この時期に造成されたヒツジの品種にはレスター種がある．

b. メンデル以降の育種

1900年のメンデルの法則の再発見以降は，各家畜についてさまざまな遺伝様式について研究が行われた．ヒツジではサフォークとドーセット・ホーンの交雑時に起こる角の遺伝様式の研究が有名である．ドーセット・ホーンは雌雄とも有角のヒツジであるのに対し，サフォークは無角である．この2品種の

交雑第1代において，雄の有角：無角の頭数比は3：1になる．それに対し雌は有角：無角の頭数比が1：3となる．つまり，雄では有角の遺伝子が完全優性になり，雌では無角の遺伝子が完全優性となる．このような遺伝様式を伴性遺伝という．また，この時期にいくつかの致死遺伝子が発見されている．

その後，フィッシャーにより，体重などの連続変数的遺伝（量的遺伝）もメンデルの法則に従うことが示された．このフィッシャーの考えが1940代にラッシュ等により畜産へと導入された．

10.1.2 量的形質と遺伝率，遺伝相関

改良の対象となる家畜の特徴を形質と呼ぶが，形質とは人間が便宜上仮定したものである．形質には強い効果をもつ遺伝子（主動遺伝子）により制御されている毛色等のような質的遺伝と，体重・産毛量等のような重量，長さ，面積など連続的な数値により表される量的遺伝があり，選抜対象となる形質の多くはこの量的形質である．量的形質は単独の遺伝子の表現型そのものとは異なり，たくさんの遺伝子の影響を受けた成果物である．量的形質はたくさんの遺伝子により影響を受けるため，気候や栄養状態等の環境要因により影響を受けやすい．量的形質において遺伝の占める割合を遺伝率と呼んでいる（次頁表10.1）．選抜の改良量は通常選抜の強さ，その形質における遺伝的なばらつきの大きさ，そして遺伝的な正確度に比例する．遺伝率が小さい形質で正確度を上げるためには，父・きょうだい等の血縁によるデータが重要となってくる（次々頁図10.1）．

量的遺伝形質は他の量的遺伝形質により影響を受けている（図10.2）．これらの影響には，環境によるものと遺伝によるものがある．このうち，遺伝による大きさを表すものとして遺伝相関がある．遺伝相関は1から−1の値をとる．この遺伝相関があるため，ある特定の形質の選抜を行うと別の形質に望まない影響が出る場合がある．これを間接選抜反応という．例えば日増体重を増加させると背脂肪厚が厚くなるなどである．このような相反する複数の形質について同時に選抜改良を進める方法は複数あるが，現在は選抜指数が主として使われている．この選抜指数は，それぞれの国，品種の特性などにより設定されている．

表 10.1　各形質の遺伝率および母性効果（Safari, 2005）

分類	形質		遺伝率±標準誤差	母性効果±標準誤差
産肉	生時体重	毛用種	0.21±0.04	0.21±0.03
		兼用種（母系）	0.19±0.02	0.18±0.02
		肉用種	0.15±0.05	0.24±0.03
	離乳時体重	毛用種	0.21±0.02	0.16±0.04
		兼用種（母系）	0.16±0.01	0.10±0.01
		肉用種	0.18±0.04	0.10±0.01
	離乳後体重	毛用種	0.30±0.03	0.10±0.02
		兼用種（母系）	0.28±0.03	0.04±0.01
		肉用種	0.22±0.02	0.08±0.03
	成熟時体重	毛用種	0.42±0.03	0.04±0.01
		兼用種（母系）	0.40±0.06	0.06±0.03
		肉用種	0.29±0.02	―
	日増体重		0.15±0.01	0.05±0.01
産毛	汚毛量	兼用種（母系）	0.25±0.06	0.08±0.01
		肉用種	0.31±0.04	0.02±0.01
	純毛量		0.28±0.01	0.06±0.01
繁殖	交配雌1頭あたり離乳頭数		0.07±0.01	―
	交配雌1頭あたり産子数		0.10±0.01	―
	交配雌1頭あたり離乳重量		0.13±0.03	―
	分娩雌1頭あたり離乳頭数		0.05±0.01	―
	分娩雌1頭あたり産子数		0.13±0.01	―
	分娩雌1頭あたり生産子羊		0.10±0.05	―
	分娩雌1頭あたり離乳重量		0.11±0.02	―
	分娩率		0.08±0.01	―
	哺育能力		0.06±0.02	―
	子羊生存率		0.03±0.01	0.05±0.01
	受精卵生存率		0.01±0.01	―
	排卵率		0.15±0.02	―
	陰嚢周囲長		0.21±0.06	―

10.1.3　育　種　価

　前述のとおり量的形質は環境の影響を受ける．ヘンダーソンによって開発された最良線形不偏推定法（ブラップ（BLUP）法）を用いることにより，環境的な影響を取り除いた遺伝的能力，すなわち育種価を推定することが可能となった．

　わが国では飼養ヒツジ頭数が少ないため実施されていないが，他の国ではコマーシャルラム肉生産の止め雄（雄系としてラム肉用子羊生産の約1/2に寄

10.1 遺伝と育種の基本事項

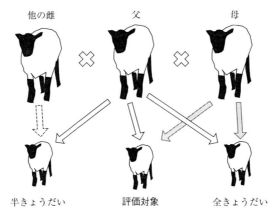

図 10.1　血縁関係とその遺伝的似通い
父，母：1/2 の似通い
全きょうだい：1/2 の似通い（父からの相似 1/4 + 母からの相似 1/4）
半きょうだい：1/4 の似通い（父からの相似）

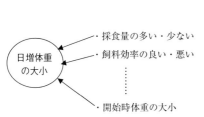

図 10.2　量的形質への他の量的形質の影響
右側の形質に影響を与える遺伝子群は，日増体重にも影響を与える．

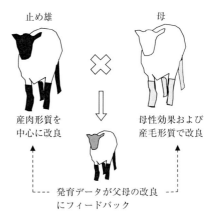

図 10.3　ラム肉生産の改良体制

与），同じく母羊（肉めん羊専用種あるいはその産毛能力を考慮する兼用種）あるいは毛用種に分けて育種改良を行う場合が多い（図 10.3）．遺伝子の効果には相加的遺伝子効果と非相加的遺伝子効果がある．同一品種内で選抜を行う場合は効果が加算的に加わる相加的遺伝子効果を対象に選抜改良を行っているが，ラム肉生産で行われているような母系，父系に分けた改良方法では異なる遺伝子間に生じる効果である非相加的遺伝子効果が期待できる．

離乳時体重などの母親の影響を強く受ける形質における育種価の推定では，

従来はその個体自身の遺伝子の効果（直接効果）を推定していたが，近年は発育形質などにおいてその母親の遺伝子型による効果（母性効果）も評価するようになってきている（表10.1参照）．母系集団で選抜改良を行うことにより，母性効果についての改良効果が進む．

10.1.4 群による育種価の種類

育種価の推定に用いるBLUP法では血統情報が不可欠である．農家（群）間には衛生状況，飼料給餌法などその群特有の環境効果が生じる．群をまたいだ個体間に血統的なつながりがあると，各群内で推定した育種価を比較することにより各群の影響の差を推定し，かつ取り除くことが可能となる．肉牛あるいは乳牛では凍結精液の普及により各農家間に意識しなくても血統のつながりができるため，その国内中で（場合によっては世界中で）利用可能な育種価を推定することができる（図10.4）．ヒツジ先進国では，1つの農家が数千〜数万頭規模の場合があり，種畜をほぼ自家更新でまかなっているような農家がある．種畜の導入を行っている場合でも，限られた地域のグループ内からのみ種畜の導入を行っている場合がある．ヒツジの場合，ウシほど人工授精が普及し

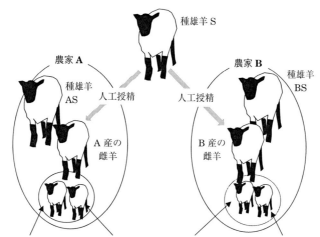

図10.4 育種価における群比較の考え方
S-A-1とS-A-2等から農家Aで求めたSの育種価と，S-B-1とS-B-2等から農家Bで求めた育種価の差はそのまま農家Aと農家Bの差になり，その差を勘案することで種雄羊ASと種雄羊BSの育種価が比較可能になる．

ていないため，その国内全域で利用可能な育種価を求めるためには意識して群間の個体どうしに血統のつながりを作る必要がある．多くの国ではこのような集団で算出した育種価を，群内育種価およびグループ内育種価と全域で利用可能な育種価とに分けて表記している．

10.1.5　近交の影響

　近親交配は望ましくない遺伝子がホモ化するという危険性がある．この近親交配の目安となるものとして近交係数がある．近交係数は共通祖先のもつ遺伝子がホモ化している確率である（図 10.5）．ここで注意が必要なのは，近交係数はあくまで確率であるということである．品種の作出の際には相当高い近交を行っている．例えば肉牛のショートホーンの著名な種雄牛であるコメット号は近交係数が 50％を超えていたが，きわめて優良な種畜であった．品種の作出時にこのような高い近交が可能となった理由は，世代ごとに徹底的な淘汰を行い悪い因子を取り除いたためである．親子交配，きょうだい交配など極端な

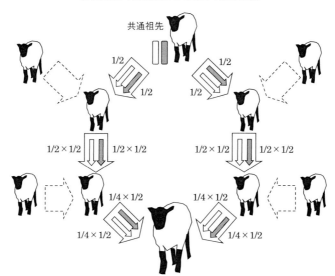

図 10.5　近交係数の考え方
次世代に親の遺伝子が伝わる確率は 1/2 である．そのため共通祖先の対立遺伝子のうち，一方の遺伝子がホモになる確率は 1/8×1/8 = 1/64，もう一方の遺伝子がホモになる確率は 1/8×1/8 = 1/64，よって近交係数は 1/64 + 1/64 = 1/32 となる．

近交は避けた方が無難であるが，曾祖父（あるいは曾祖母）が1つ重なる程度であれば，しっかり淘汰を実施すれば問題とはならない．むしろ集団が小さいことにより，次の世代に有用な遺伝子が伝わらず能力が低く固定されてしまう「ボトルネック効果」が問題となる．このボトルネック効果を避けるため，親1頭あたりできるだけ多くの後代を作り選抜を行う必要がある．

10.2　ヒツジの育種対象形質と選抜の考え方

ヒツジは肉生産だけでなく，毛，毛皮，乳と多くの用途がある．それに伴いさまざまな育種対象形質がある．それぞれの地域・品種等によってこれら形質の重要性は変わってくる．

10.2.1　繁殖性関係

形質：産子率（産子総数／分娩雌羊数×100），繁殖率（産子総数／交配雌羊数×100），双子率，受胎率，育成率，繁殖期間，離乳子羊数，分娩一腹あたり産子数，交配1頭あたり離乳頭数，分娩一腹あたり離乳重量，陰囊周囲長，等

産子率，繁殖率などヒツジ独特の呼び方があるが，近年はあまり使われなくなっている．この形質については他の家畜と同様に遺伝の占める割合は低い．そのため，正確な育種価を求めるためには数多くの血統データが必要となってくる．

ロマノフ，フィニッシュ・ランドレースには排卵数に関与する主動遺伝子が存在する．同様にラコーヌおよびブルーラ・メリノでも排卵数に影響を与える主動遺伝子が存在する．ラコーヌの遺伝子はX染色体上に存在し，ブルーラ・メリノのそれは常染色体上に存在している．両遺伝子とも卵母細胞で発現する．一方，これら主動遺伝子をもたない品種では，量的遺伝形質として育種価評価が行われている．

なお，ブルーラ・メリノはオーストラリアで多産のメリノを集めて作出された品種であるが，メリノと同時に導入された多産なインド在来種ガロール（Garole）と交雑したものが由来といわれている．

10.2.2　産毛性関係

形質：汚毛量（夾雑物を取り除いた後の原毛量），純毛量，洗上部留，毛生密度（単位表面積あたり毛量），産毛歩合（純毛量／生体重），毛束長（通常での長さ），直線毛長（伸ばした長さ），番手（単位重量あたりで得られる毛糸長），捲縮数（単位長あたりのクリンプ数），毛色，等

産毛量など量的な形質は中程度以下の遺伝率を示し，おもに母系あるいは羊毛専用種での改良に取り入れられている．毛色は主動的遺伝子が複数関与し合

表10.2　北部ヨーロッパめん羊における毛色に関与する遺伝子座（Adalsteinsson, 1983）

遺伝子座	遺伝子数	遺伝子の主要な効果
A	12	黄褐色（or 白）亜メラニン，黒および茶真メラニンの正則様式決定（表10.3 参照）．
B	2	メラニン色素（黒系あるいは茶系）決定．
C	2	有色かアルビノかを決定．
E	2	優性黒色の有無（E^d or E）．
G	2	アグーチ縞（1本の毛における縞）の有無．B の茶色（b）に対しては上位性効果を示す．
S	2	有色羊における白斑の有無．劣性ホモで発現．
W	3	優性白 W および優性粕毛 WD と両者に対して劣性である遺伝子．粕毛ホモは致死．また白と粕毛の組合せの個体はほとんどが致死．

表10.3　A 遺伝子座の遺伝子群（Adalsteinsson, 1983）

遺伝子	色またはパターン	遺伝子の主要効果	優　性	劣　性
A^{wh}	白 or 黄褐色	すべての真メラニン生産物を阻害．亜メラニンは許容．	すべて	なし
A^{lg}	薄灰色	下毛および一部外毛の真メラニン構成を阻害．	a	A^{wh}
A^g	グレイ（退色）	下毛の真メラニンを阻害．	a	A^{wh}
A^{gg}	ゴットランドグレイ	下毛の真メラニンを阻害．	a	A^{wh}, A^{gw}
A^b	badgerface（顔面の黒縞）	体上部（顔）の真メラニンを阻害．	a	A^{wh}, A^{gb}
A^{bl}	ブルー	体上部の真メラニンを阻害．	a	A^{wh}
A^w	ムフロン（腹部が白）	腹部分の真メラニンを阻害．	a	A^{wh}, A^{gw}
A^+	アグー縞 ムフロン	出生時外皮および腹部の真メラニンを阻害．	a	A^{wh}
A^{gb}	gray-badgerface	A^g と A^b の効果をあわせもつ．	A^g, A^b, a	A^{wh}
A^{gw}	グレイムフロン	A^g と A^w の効果をあわせもつ．	A^g, A^w, a	A^{wh}
A^{re}	赤アイパッチ	両目のまわりの真メラニンを阻害．	a	A^{wh}, A^b
a	パターンなし	真メラニンを妨げない．亜メラニン生産物なし．	なし	すべて

っていることが知られている．北部ヨーロッパ由来品種における毛色遺伝の様式が解明されており，7つの遺伝子座にある遺伝子により複雑な毛色および紋様を発現する（表10.2，10.3）．

10.2.3 産肉性関係
形質：離乳前日増体重，離乳時体重，肥育期間日増体重，枝肉重量，枝肉歩留，ロース断面積，ロース上脂肪厚，赤肉重量，成熟時体重，離乳後子羊体重，等

　他の家畜同様に中程度から高い遺伝率を示す．離乳時体重，離乳後子羊体重はその品種，国，地域により異なり，さまざまな月齢での測定が行われている．発育形質とと体型質に分けられることもある．

10.2.4 抗病性関係
形質：糞中捻転胃虫卵数，糞中線虫卵数，スクレイピー抵抗性・感受性，等

　内部寄生虫の中でも特に影響が大きいとされている捻転胃虫に抵抗性を示す主動遺伝子がオーストラリアのメリノで発見されているが，通常は糞1g中にある虫卵数を数えて育種価評価し，その値の小さい方を抵抗性が高いと判断している．ヒツジに内部寄生虫を接種し，一定期間駆虫をせずにおくために，ある程度リスクを含む．そのため多くの国では選択的に育種価評価が行われている．

　スクレイピー抵抗性については抵抗性強化に向けた取り組みがわが国のサフォークにおいて行われている．スクレイピー抵抗性・感受性はプリオンタンパク質の遺伝子の136番目と171番目のコドンの変異により起こる．136番目のコドンの変異により野生型であるアラニンからバリンに変化したものが感受性となり，感染のリスクが高い．171番目のコドンの変異によりグルタミンがアルギニンに変化したものが抵抗性である．136番目が片方または両方バリンであると，171番目がアルギニンであっても容易に感染が成立する．171番目が抵抗型ホモの方が，ヘテロのものよりも感染が成立しにくい．

10.2.5 泌乳性関係
形質：総乳量，泌乳持続性，タンパク量，乳脂量，等

　フランスが原産のラコーヌ種などについて報告されており，総乳量の遺伝率は0.44（Marie-Etancelin *et al*., 2006）と比較的高い．

10.3 わが国におけるヒツジの育種・改良

10.3.1 日本コリデール種時代

1948～1949年にかけて，日本的なコリデールを固定していこうという意図の下に「日本コリデール種」の名称が採用され，コリデールの種めん羊審査標準が制定された．しかし，各県および各地種畜牧場において行われていた改良は，やはり先進地および先進国からの優良種畜導入（いわゆる導入育種）が主であった．そのような中においてもヒツジに関する育種（遺伝）的研究はいくつか行われており，文献としても確認できる．松本ら(1954)は生時体重，産子数についての遺伝率の推定を行っている．吉田(1955)は滝川種羊場のデータを利用し体重，毛長および毛量に関する選抜指数算出を試みている．また，実際の改良の場においては，滝川種羊場では1952年から2歳時体重，生時体重および産毛量の遺伝率をもとにした種雄指数（選抜指数とは異なる）を作成し，後代検定による中核育種集団の改良を実施していた（情勢の変化により1959年に中止）．

また，堅田らは日本コリデール種について育種学的研究を続け，2歳雌羊についての選抜指数を算出している（1962）が，実際の選抜に用いられることはなかった．

ヒツジの育種研究が進まなかった理由は，正確な遺伝相関の算出が当時の手法および機器では不可能であったためである．

10.3.2 雑種利用によるラム肉生産の取り組み

1960年代に本格的なラム肉生産を行うために雄系統として海外から導入したリンカーン，サウスダウンなどの品種と日本コリデール種雌の交配によって得られる1代雑種の利用について，北海道，山形県，新潟県で試験が実施された．北海道の試験では，サウスダウン，サフォークを交配し生産した1代雑種の産肉性が高かった．

10.3.3 サフォークの導入と改良

1967年代以降本格的に海外からサフォークが導入され，その後北海道など

では主用品種として普及の取り組みが行われた．

　サフォークの改良は種畜の配布を行う公的機関におけるステーション形式でおもに行われていた．しかし，ウシなどと異なり凍結精液での人工授精が普遍的でなかったため，近交退化の制御を考慮しつつ能力の改良を図らなければならなかった．選抜に関する資料が残っている滝川畜試では，種雄羊の後代から能力の高い一定数の雄，雌を選抜するという一種の家系内選抜が行われた．

〔山内和律〕

10.4　登録と登録審査

　血統の登録（以下「登録」）は，家畜改良手法の基本となるもので，畜種（品種）ごとに行われている．ヒツジについては，家畜改良増殖法により公益社団法人 畜産技術協会（以下「協会」）が，農林水産大臣の承認を受けて定めた日本めん羊登録規程に基づき，業務を委託した登録業務委託団体（以下「委託団体」）経由で，血統を維持継続するとともに，能力の向上と形質の改良を図ることを目的に一元的に実施している．委託団体のない都府県にあっては，協会が直接登録業務を行っている．

10.4.1　日本めん羊登録規程

a.　登録規程の構成

　日本めん羊登録規程（以下「規程」）で定める内容の要点を以下に示す．

①国内で飼育されている純粋なヒツジの品種を登録対象としている．

②すべての品種の登録を規程に基づいて実施する．

③登録実務に係る細部の規定は，日本めん羊登録規程細則（以下「細則」）で定めている．

④種めん羊登録の資格は，生後15ヶ月以上のもので，登録審査を受け規定の付点率および総得点を得たものであること．

⑤海外登録団体の血統を証する書面を有するヒツジは，血統登録を受けることができる．

⑥登録を受けるか否かは，飼育者（所有者）の任意に基づく．

⑦登録は開放式を採用している．

b. 登録の種類と資格

ヒツジの登録は，予備登録，血統登録，種めん羊登録の3種類である．登録の流れは図10.6のとおりである．

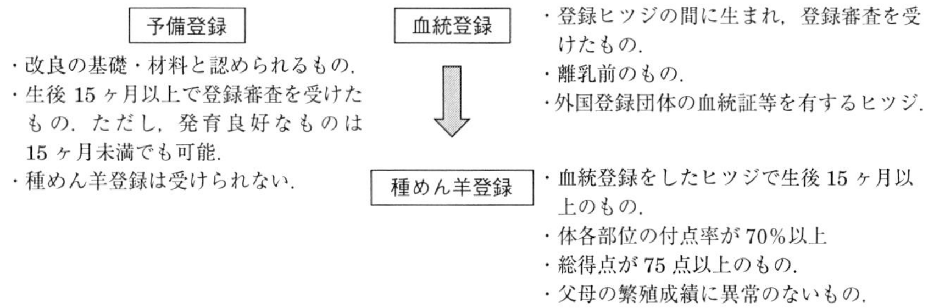

予備登録	血統登録
・改良の基礎・材料と認められるもの． ・生後15ヶ月以上で登録審査を受けたもの．ただし，発育良好なものは15ヶ月未満でも可能． ・種めん羊登録は受けられない．	・登録ヒツジの間に生まれ，登録審査を受けたもの． ・離乳前のもの． ・外国登録団体の血統証等を有するヒツジ．

種めん羊登録
・血統登録をしたヒツジで生後15ヶ月以上のもの．
・体各部位の付点率が70%以上
・総得点が75点以上のもの．
・父母の繁殖成績に異常のないもの．

図10.6 登録の流れ

(1) 予備登録の資格

規程第4条では，「生後15カ月以上のものにつき審査の上改良の基礎又は材料として適当と認められたものについて行う．ただし，発育良好なものは，生後15カ月に達しないものでも，登録を受けることができる」としており，無登録ヒツジの間に生産されたヒツジおよび血統登録の審査時期を逃したヒツジについても登録の道を開放している．なお，予備登録羊は本登録を受けることができない．

(2) 血統登録の資格

規程第5条では，「次の1号，2号の要件を備えたものでなければならない」と定めていて，その条文は次のとおりである．なお，離乳前としているのは，母子関係を確認できる期間内であるとしているからである．
①次のいずれかに該当するもの．
　(ア) 登録を行ったヒツジの間に生産されたもので離乳前のもの．
　(イ) 外国の登録団体の血統書を有するものまたは胎内輸入により生産されてその種付けを証明する書面があるもので，協会が認めたもの．
②純粋種として排除すべき著しい不良形質が現れていないもの．

(3) 種めん羊登録の資格

規程第6条では，次の要件をすべて備えたものについて行うと定めている．
①血統登録を受けたもの．

② 生後 15 ヶ月に達し，細則に定める品種ごとの審査標準による審査の結果，体各部の付点率が 70% 以上で，総得点が 75 点以上のもの．
③ 父母の繁殖成績に異常のないもの．

10.4.2　登録の申し込み

ヒツジの登録は「任意」で行うもので，登録を希望する飼育者または所有者のいずれかが，規程に基づき細則に定める様式の申込書で，委託団体または協会に直接申し込まなければならない．

なお，初めて登録を希望する者は，両親が登録ヒツジか否か，どのようなヒツジかを含めあらかじめ相談することが望ましい．委託団体または協会が登録希望者および当該ヒツジの現況を把握できれば，手続き等の説明ができるとともに，登録審査委員の手配等が円滑に進められるからである．

10.4.3　ヒツジの体尺

登録実施上体各部の測定は，データ蓄積や審査の補助手段とし重要なものであるとともに，これにより大きさや発育状況等をつかみ，資料として以後の改良目標の改訂や審査標準の改訂に供されるので，正確を期さねばならない．ヒ

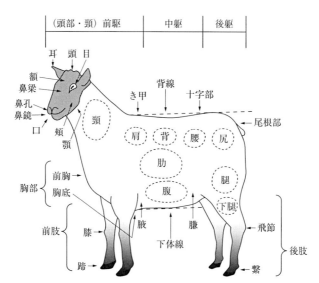

図 10.7　ヒツジの体各部の名称（岡本・関沢・河合，1955 および畜産技術協会，2014 を参考に作図）

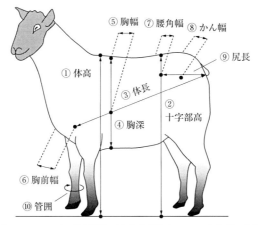

図 **10.8** ヒツジの体尺部位（畜産技術協会, 2014 を参考に作図）

ツジの体各部の名称と測定部位を図 10.7〜10.8 に示す.

測定数値は，姿勢によって容易に差異が生じるので，測定場所は平坦な地面等に自然な正姿勢をとらせ，立ち姿で測定することが肝要である.

なお，種めん羊登録を行ううえで体尺測定は，体高，体長，胸深の 3 項目が必須で他は省略できるが，健康状態や増体具合がわかるので，体重はなるべく測定することが望ましい.

体尺の器具として，体高測定は測杖，体長・胸深はキャリパス（鋏尺）を用いて測定することが望ましいが，ヒツジ用の測杖やキャリパスは現今入手が難しい状況であるので，入手できない場合には巻尺で代替する．この場合，測定する部位の始点終点にまっすぐな棒などを添えて測定位置を決めることで，より正確に測定できる.

10.4.4 ヒツジの体型と体格審査

ヒツジは利用目的により，毛用種（代表品種：メリノ），肉用種（サフォーク，サウスダウン，テクセルなど），毛肉兼用種（コリデール，ペレンデールなど），乳用種（フライスランド，マチェンガなど）に大別される．熱帯の肉用種バルバドス・ブラックベリーのように全身がヘアータイプの毛で被われヤギと見まがうばかりのものがいるなど，環境への適応や利用目的に応じた改良の結果，外貌・体型に大きな違いが生じ，それぞれに品種固有の特徴をもっている.

したがって，登録に際しては体型の違いや特徴を品種ごとに統一するための基準となる，それぞれの審査標準が作られている．

体格審査をするにあたっては，体尺同様に平坦な地面等に自然の正姿勢で保定し，適当な距離（2～3 m）からヒツジ全体を望見し，全体の特徴をつかんだうえで，前面（前望），側面（側望），後面（後望）と順次見たり触って部位ごとに審査し，良否を審査標準評点の何割にあたるかを決める．

表 10.4 サフォーク種審査基準

部 位	評点	説 明
一般外貌	20	・大型で発育のよいもの． ・体躯は幅広く，長く，深く，充実して締まり，各部位の均称がよく，かつ，移行のよいもの． ・体質強健で，活気があり，歩様確実なもの．
頭・頸	10	・頭は幅広く，両耳間が弓形なもの． ・顔は輪郭鮮明で，やや長く，黒色短毛で被われているもの． ・鼻梁は広く，鼻孔は大きく，頬は豊かで顎張りがよく，口は大きくて締まりのよいもの． ・眼はいきいきとし，耳の付着のよいもの． ・頸は強く，締まりのよいもの．
前 躯	10	・肩は広く，付着よく，背と水平で肉付きよく，丸みを帯びているもの． ・胸は広く，深く，胸前の充実したもの．
中 躯	15	・背腰は長く，広く，水平で肉付きのよいもの． ・肋はよく張り，腹は豊かでゆるくなく，膁はよく充実して，体下線は背線とほぼ平行なもの．
後 躯	20	・尻は長く，広く，肉付きよく，尾根部へ水平に移行するもの． ・腿は肉付きよく，下腿まで充実し，特に内腿は厚く豊かなもの．
乳 器	5	・乳房は均等によく発達し，柔軟で弾力があり，乳頭は大きすぎず，位置が正しいもの．
肢 蹄	10	・四肢はやや長く，肢間が広く，まっすぐに立ち，強健で，黒色短毛でおおわれて，繋ぎは弾力に富み，蹄は黒色で緻密なもの．
羊 毛	10	・羊毛は頬および後頭部の後端から膝および飛節までの全体を被い，品種特有の繊度と長さを備え，部位による差が少なく，均等に密生し，色沢よく，弾力があり，適度の毛脂を有するもの． ・クリンプは均斉鮮明なもの．
計	100	

◎失格事項： 1. 有角　 2. 著しい異色毛　 3. 奇形
◎減点事項： 1. 角痕　 2. 異色刺毛　 3. 不良羊毛

（注）　減点事項とは，審査にあたって総得点から独立して減点する必要のある事項であり，当該事項の記載された部位の評点からは減点しない事項をいうものとする．
（注）　羊毛の繊度（番手）は 's 52～58 とする．

現在の日本における代表品種である，サフォークおよび日本コリデール種の審査標準を，表10.4〜10.5に示す．

表10.5 日本コリデール種審査基準

部 位	評点	説 明
一般外貌	20	・体積に富み，発育のよいもの． ・体躯は幅広く，長く，深く，おおむね長方形を呈し，充実して締まり，各部位の均称がよく，かつ，移行のよいもの． ・体質強健で，活気があり，歩様確実なもの． ・皮膚は柔らかくなめらかで，弾力に富み，色のよいもの．
頭・頸	10	・頭は羊毛のかぶりがよく，額の広いもの． ・顔は輪郭鮮明で，長すぎないもの． ・鼻梁はまっすぐで，広く，頬は豊かで，顎張りがよく，口は大きくて締まりのよいもの． ・眼はいきいきとし，耳は大きすぎず，付着のよいもの． ・頸は長すぎず，ひだの少ないもの．
前 躯	10	・肩は広く，付着よく，肩後の充実したもの． ・胸は広く，深く，胸前の充実しているもの．
中 躯	10	・背腰は長く，広く，水平なもの． ・肋はよく張り，腹は豊かでゆるくなく，膁の充実したもの．
後 躯	10	・尻は長く，広く，傾斜のゆるいもの． ・腿は厚く，下腿まで充実したもの．
乳 器	5	・乳房は均等によく発達し，柔軟で弾力があり，乳頭は大きすぎず，位置が正しいもの．
肢 蹄	5	・四肢は長すぎず，肢間が広く，まっすぐに立ち，繋ぎは弾力に富み，蹄は緻密なもの．
羊 毛	30	・羊毛は体全体を被い，品種特有の繊度と長さを備え，部位による差が少なく，均等に密生し，白く，色沢よく，弾力があり，適度の毛脂を有するもの． ・クリンプは均斉鮮明なもの．
計	100	

◎失格事項： 1. 有角（不動性の目立つ角） 2. 羊毛部位の異色斑紋
3. 羊毛部位の著しい異色刺毛 4. 著しい異色毛
5. 著しいケンプおよびヘアー 6. 羊毛繊度の著しい不均一 7. 奇形

◎減点事項： 1. 角痕（動性の角を含む） 2. 羊毛部位の異色刺毛
3. 顔，耳，四肢の異色毛 4. 毛長の不足 5. 羊毛繊度の逸脱
6. 不良羊毛

（注） 減点事項とは，審査にあたって総得点から独立して減点する必要のある事項であり，当該事項の記載された部位の評点からは減点しない事項をいうものとする．

10.4.5　審査委員

　審査委員とは，規程および細則に基づいて登録の適否を審査する者のことをいう．審査委員は厳正公平をむねとし，高い審査眼が求められることから，その資格条件は，官公署あるいは関係団体で 5 年以上ヒツジに携わり，所管委託団体長により推薦された者であること，また飼育経験者等は協会が開催する登録実務に係る研修を受講済みの者であることで，それらの者が所管委託団体長の推薦を受けたうえで，協会長に委嘱された者をいう．　　　　〔羽鳥和吉〕

10.5　各国の育種価評価

10.5.1　ニュージーランド

　各種団体による改良も行われていたが，農務省は毛量・繁殖性および成長速度に焦点を当て，1967 年から全国的なデータ収集を行った（アニマル・ナショナル・フロックレコーディング・シーン：A National Flock Recording Scheme）．1976 年からシープラン（SHEEPLAN）へと改訂され，1980 年代には 50 万頭の雌 1300 頭の種雄羊の記録を毎年収集するようになった．2002 年からはシープ・インプルーブメント有限会社（Sheep Improvement Ltd.：SIL）がデータの収集，育種価の算出を行っている．一部の抗病性などの形質については，第三者機関が SIL のライセンスをうけてデータの収集・育種価の推定を行っている．育種価は参加群ごとの評価値と群をまたいで利用できる評価値（高度中央評価値 Advanced Central Evaluation：ACE）とがある．ACE は他の群との間に遺伝的なリンクが必要とされるため，育種価評価を行っている群がすべて ACE を利用可能ということではない．生産子羊数，離乳時体重，枝肉重量，赤肉量，脂肪量，12ヶ月齢毛量，成熟時毛量，夏期糞中虫卵数等の育種価が推定されている．また指数としては，止め雄指数，兼用種指数，高能力兼用種指数，母羊指数（肉専用種に特化），糞中虫卵数を考慮した兼用種指数，が用意されている．これら指数を構成する形質は，「発育形質」のように，複数の形質から副次指数により推定されたものが含まれている．

10.5.2　オーストラリア

　オーストラリアのヒツジの改良はシープジェネテック（Sheep Genetics）

という組織により行われている．シープジェネテックのヒツジに関する育種価評価は，毛用種（メリノ）を対象としたメリノプラン（MERINOPLAN）と肉めん羊を対象としたラムプラン（LAMBPLAN）の2つに分けて行われている．生時体重，離乳時体重，離乳時体重に対する母性効果，離乳後体重，背脂肪厚，ロース芯面積（厚），一腹離乳子羊数，糞中虫卵数，産毛量，繊維直径，毛束長，クリンプ数の育種価が推定されている．
指数式は複数設定されており，

　（1）メリノプラン
・FP指数：　メリノ生産農家で，羊毛生産に重点を置いている農家で利用するための指数．毛質に重点を置いている．さらにクリンプ数，毛束長および糞中虫卵数等を加味したものがFP+指数
・MP指数：　メリノ生産農家で，羊毛生産と個体販売をバランス良く行いたい農家で利用するための指数．体重に重点を置いている．さらに繊維長および一腹離乳子羊数等を加味したものがMP+指数
・DP指数：　メリノに止め雄を交配しその子羊によりラム肉生産も行う農家が利用するための指数．毛質の重み付けが小さくなっている．ロース芯厚および一腹離乳子羊数等を加味したものがDP+指数

　（2）ラムプラン
（止め雄用指数）
・Carcass Plus：　早い増体を進めながらも赤肉生産を維持することを目的とした指数．
・Lamb2020：　Carcass Plusの目的に加えて生時体重を中程度にし，寄生虫に対する抵抗性を付与する目的の指数．
・Trade$およびExport$：　脂肪量を適切にコントロールするための指数．Trade$は枝肉重量約19 kgで，Export$は枝肉重量約26 kgで，それぞれ適切な脂肪厚を保つように設定された指数．
（母羊用指数）
・MAT$：　ボーダー・レスターやコープワースのような母系品種で利用する指数．大部分の母系品種で利用可能．
・DP$：　Dohneメリノやコリデールのようないわゆる「毛肉兼用種」の母系品種で利用する指数．ある程度毛質を考慮している．

SRC$：　肉に特化した品種で自家更新時に利用するための指数．MAT$ から産毛形質に関する項目を除いたもの．

　これらの指数を生産者たちがその目的に合わせて参考にし，改良を進めている．

10.5.3　アメリカ合衆国

　1986 年に複数の登録協会が純粋種のデータを各品種の選抜決定に利用するために設立した，ナショナル・シープ・インプルーブメント・プログラム（National Sheep Improvement Program：NSIP）という団体でデータの収集および育種価評価を実施している．末端での利用ソフトとしてオーストラリアのラムプランで利用しているソフトを採用している．そのため育種価を算出している形質はほぼ同じだが，繁殖キャパシティを増加させると言う理由で利用されている陰嚢周囲長の育種価や，母性効果と子羊の育種価×1/2 により算出する総合母性効果など，独自で評価している形質もある．また，多様な品種および地域を網羅しているため，離乳時期が品種によってさまざまであり，それに連動する離乳時体重などの形質については測定時期が複数設定されている．また，ニュージーランドと同様に種価評価を行っている群がすべて ACE を利用可能というわけではない．指数式としては Cacass Plus，Lamb2020 を利用している．そのほかに，西部地区用指数，ヘアー種（hair breed）あるいは母系毛用種で利用する指数が複数設定されている．

10.5.4　イ ギ リ ス

　イギリスにおける育種価評価はシグネット（Signet）によって行われている．シグネットは英国農芸開発委員会（AHDB）の肉牛めん羊部門（EBLEX）における一組織であり，ヒツジおよび肉牛について発育および体形質の向上，母性効果の向上，家畜福祉の向上，そして反芻家畜からの二酸化炭素発生量の抑止を目的としている．評価を行っている形質は産子数，母性効果，8 週齢体重，21 週齢推定ロース芯厚，21 週齢背脂肪厚および成熟時体重である．加えて種畜群においては，CT スキャナを利用し，21 週齢推定ロース芯面積，21 週齢推定赤肉量およびもも肉面積の推定を行っている．種雄群ではオプションで糞中線虫卵数の育種価の算出を行っている．

選抜指数は品種（用途）により

・止め雄指数：　脂肪量を抑え赤肉を増加させる．対象品種はサフォーク，テクセルなど．
・母羊指数：　泌乳期の子羊の生存率，離乳前の増体重など母性能力を改良しながら，成熟体重を現在のままに抑える．自家更新の際に有用．対象品種はポールドーセット等．
・長毛種指数：　長毛種のと体型質を成熟時体重を抑えたまま改良する．対象品種はブルーフェイス（Blue Faced），レスター等．
・ヒル II 指数：　母羊の生産性をまんべんなく改良する．対象品種はスコッテッシュ・ブラックフェース，ノースカントリー・チェビオット等．
・ウエリッシュ指数：　特に母性効果，子羊の発育およびと体型質を改良する．ラム肉生産に重点を置く生産者に有用．対象品種はウエリッシュ系等．

　なお，ニュージーランドなどと同様に育種評価値には 3 種類あり，群内，育種集団内および全群利用可能に分けられる．また，その育種価を群間で利用する妥当性をグリーン（信頼性あり），アンバー（利用には注意が必要）そしてレッド（群間の利用は不適）に分類されている． 〔山内和律〕

引用・参考文献

Adalsteinsson, S. (1983)：Inheritance of colours, fur characteristics and skin quality traits in north european sheep breeds : A review. *Livest. Prod. Schi.*, **10**：555-567.
Davis, G.H., *et al.* (2002)：DNA tests in prolific sheep from eight countries provide new evidence on origin of the Booroola (FecB) mutation. *Biol. of Reprod.*, **66**：1869-1874.
Katada, A., Takeda, I. (1962)：Selection Index for Corridale Yearling Ewes. *Jap. J. Breeding*, **12**：117-123.
Marie-Etancelin, C. *et al.* (2006)：Genetic analysis of milking ability in Lacaune dairy ewes. *Genet. Sel. Evol.*, **38**：183-200.
松本久喜・渡辺　裕・吉田昌二（1954）：緬羊の生時体重に及ぼす諸要因．育種学雑誌，**4**：46-50.
新潟県畜産試験場（1985）：新潟県畜産試験場 70 年のあゆみ．
岡本正行・関沢乙吉・河合豊雄（1955）：緬羊の審査，朝倉書店．
Safari, E., Fogarty, N.M., Gilmour., A.R. (2005)：A review of genetic parameter estimates for wool, growth, meat and reproduction traits in sheep. *Livest. Prod. Schi.*, **92**：271-289.
畜産技術協会（2014）：シープジャパン，No. 91：1-3.

山形県立畜産試験場（1982）：山形県立畜産試験場 30 周年誌．
吉田昌二（1955）：緬羊の一選抜指数について．北農研究抄本，**2**：21-22．

11. ヒツジの疾病と衛生

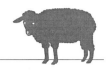

11.1 健康管理と疾病

11.1.1 ヒツジを病気にしないために

ヒツジは，その身体機能にかなった飼養管理を行えば，病気になりにくく，健康を維持しやすい．特に，反芻動物の特徴として，十分な粗飼料を与え，第一胃内の微生物活動を安定させることが健康管理のカギとなる．その一方で，体調が悪くなっても外観から気づきにくく，病気の発見が遅れることも多い．飼養管理者は，あらかじめ病気に関する知識をもち，日々の観察をていねいに行い，ヒツジの変調を早く発見したい．

また，家畜伝染病の発生・拡大を防ぐため，ヒツジの所有者・管理者には家畜伝染病予防法に基づく「飼養衛生管理基準」（表 11.1）を遵守する義務がある．家畜伝染病で最も恐れられている口蹄疫は，ヒツジを含む偶蹄動物が感染するので，伴侶動物としてヒツジを飼っている人も，同基準を理解し，適正な衛生管理に努めたい．

11.1.2 ヒツジがかかりやすい病気

a. 寄生虫症

ヒツジ，特に放牧ヒツジの消化管内には，各種の寄生虫が普通に存在する（表 11.2）．少数の寄生では明らかな病害がみられないが，多数の寄生によって下痢や貧血などの症状を呈し，栄養不良となり，若齢畜では死亡することもある．寄生虫卵は糞便とともに体外に排出され，羊舎内や放牧地を汚染する．寄生虫卵は野外で孵化し，感染力のある子虫が草とともに採食され，同居群に感染が拡大していく．

表 11.1 飼養衛生管理基準（めん羊）の項目一覧（「家畜伝染病予防法施行規則（昭和26年5月31日農林省令第35号）」別表2より抜粋）

第1	家畜防疫に関する最新情報の把握等
第2	衛生管理区域の設定
第3	衛生管理区域への病原体の持込みの防止 ・衛生管理区域への必要のない者の立入りの制限 ・衛生管理区域に立ち入る車両の消毒 ・衛生管理区域及び畜舎に立ち入る者の消毒 ・他の畜産関係施設等に立ち入つた者等が衛生管理区域に立ち入る際の措置 ・他の畜産関係施設等で使用した物品等を衛生管理区域に持ち込む際の措置 ・海外で使用した衣服等を衛生管理区域に持ち込む際の措置
第4	野生動物等からの病原体の侵入防止 ・給餌設備，給水設備等への野生動物の排せつ物等の混入の防止 ・飲用に適した水の給与
第5	衛生管理区域の衛生状態の確保 ・畜舎等及び器具の定期的な清掃又は消毒等 ・空房又は空ハッチの清掃及び消毒 ・密飼いの防止
第6	家畜の健康観察と異状が確認された場合の対処 ・特定症状が確認された場合の早期通報並びに出荷及び移動の停止 ・特定症状以外の異状が確認された場合の出荷及び移動の停止 ・毎日の健康観察 ・家畜を導入する際の健康観察等 ・家畜の出荷又は移動時の健康観察等
第7	埋却等の準備
第8	感染ルート等の早期特定のための記録の作成及び保管
第9	大規模所有者に関する追加措置 ・獣医師等の健康管理指導 ・通報ルールの作成等

　寄生虫症の診断は，臨床症状のほか，顕微鏡による糞便中の虫卵検査を要する（条虫だけは，肉眼で白い虫体の一部が見えることもある）．駆虫薬を投与する場合，寄生虫の種類により有効薬剤が異なるので，獣医師に糞便検査と駆虫薬の処方を依頼する．駆虫薬は，ヒツジにも薬害が生じることがあるので，体重あたりの投与量を守ること，幼齢期・妊娠期はヒツジの体調をみながら投与の可否を判断することも必要である．

　寄生虫症の予防には，定期的な駆虫薬投与のほか，放牧地の対策として，一定期間の休牧，草地更新などが有効である（飼養管理の放牧の項を参照）．

表11.2 ヒツジの寄生虫

寄生虫		寄生部位	中間宿主
線虫類	捻転胃虫	第四胃	—
	オステルターグ胃虫	第四胃	—
	毛様線虫	第四胃・小腸	—
	乳頭糞線虫	小腸	—
	腸結節虫	結腸,盲腸	—
	鞭虫	結腸,盲腸	—
	肺虫	気管支	—
	指状糸状虫	脳脊髄	シナハマダラカ等
条虫類	ベネデン条虫	小腸	ササラダニ
	拡張条虫	小腸	ササラダニ
吸虫類	肝蛭	胆管	ヒメモノアラガイ
昆虫	シラミ	体表	—
	ハジラミ	体表	—
	ダニ	体表	—

b. 腐蹄症(ふてい)

湿った気候や飼育環境にいるヒツジは,特定の細菌による感染で,蹄に炎症や化膿を生じやすい.痛みのため歩様の異常がみられ,患肢の蹄上部が腫れていたり,蹄を削ると内部に膿を認めることがある.

治療は,患部を取り除き,消毒を行う.抗生物質の投与も有効である.

予防には,畜舎床や放牧地を湿潤にしないこと,水飲み場などヒツジの集まる場所への石灰散布,定期的な剪蹄,消毒薬による脚浴が有効である.また,患部からは大量の病原菌が出るので,罹患羊は健康畜と別な場所で飼うべきである.

c. 腰麻痺(ようまひ)(脳脊髄糸状虫症)

本来,ウシの腹腔に寄生する指状糸状虫が,蚊を介してヒツジの体内に入る一種の寄生虫症である.子虫が体内を移動しても無症状のことが多いが,脳脊髄神経を損傷した場合にふらつきや麻痺など運動障害の症状を示す.呼吸,体温,食欲などに大きな変化はないが,起立不能状態が長く続くと,徐々に衰弱し,死に至る.

早めの投薬で麻痺症状が消えることもあるが,斜頸やふらつきなど後遺症が残ることもある.

発症予防には,蚊の発生期間に定期的に駆虫薬を投与するが,獣医師の処方

が必要である．投薬後の薬剤残留期間が長いので，肉用出荷予定のヒツジには注意が必要である．投薬以外に，夏季にウシからヒツジを離して飼うこと，近くで飼うウシの駆虫を行うこと，媒介昆虫の蚊を駆除すること，ヒツジに蚊が近づかないように忌避剤や蚊取り線香を使用することは，腰麻痺予防に有効である．

d. 乾酪性リンパ節炎

コリネバクテリウム属菌の感染で，体表やリンパ節，内部臓器に，クリーム様あるいはチーズ状の膿が詰まった腫瘤（膿瘍）が生じる．ヒツジは，毛刈りが感染機会になり，罹患しやすい．内臓に膿瘍が多発すると，肺炎や肝炎症状が出たり，体重減少や繁殖低下，と畜後の枝肉の部分廃棄処分などの経済損失を招く．

体表の膿瘍から同居群に蔓延しないように，断尾や去勢，耳標装着の器具は消毒を行う．毛刈りは若いヒツジから行い，道具の消毒，傷が生じたときの速やかな消毒を行う．体表の膿瘍は外科的措置を行うほか，多発したときは抗生物質を使用する．

e. 哺乳期・離乳期の子羊で注意する病気

生まれて間もない子羊では，出生時期が寒冷期でもあり，低体温症に注意したい．

哺乳中あるいは離乳間もない子羊では，下痢（胃腸炎）を発症することが多い．その原因が母乳か給与飼料の場合には，給与を停止し，整腸剤などを投与する．集団的な発生や発熱を伴う場合は，特定の病原体（ロタウイルス，サルモネラ菌など）の関与が疑われる．脱水症状の緩和のためには，経口や注射で水分と電解質を補給し，細菌性胃腸炎では抗生物質を投与する．

その他，臍帯の断端が炎症や化膿を起こす臍帯炎や，眼瞼内翻（逆さまつ毛）による結膜炎，母羊のセレニウム欠乏による白筋症などを発病することがある．

また，気候の変わり目に気管支炎など呼吸器病に罹患する子羊もいる．咳や鼻汁，発熱，呼吸困難を示すが，保温と栄養補給に努め，抗生物質や解熱剤を投与する．

哺乳期の病気の多くは，初乳を早期に十分与えることにより予防が可能であり，授乳中の母羊の健康状態を良好に保つことが子羊の健康につながる．

f. 放牧で注意する病気

　寄生虫症や腐蹄症のほかに，放牧地の有害植物による中毒や，転倒による急性鼓脹症，暑熱期の熱射病等に注意が必要である．

　放牧地において有毒植物（アセビ，レンゲツツジ，スズランなど）を採食した場合には，急性の中毒症状を示す．元気消失し，流涎（りゅうぜん），呼吸・脈拍の増加，目の充血などがみられ，嘔吐したり，口や鼻から泡を吹いたりすることもある．治療では，強心剤投与，解毒剤投与，点滴などを行うが，手遅れとなることも多い．

　窪地などで転倒した場合には，起き上がれずに第一胃にガスが貯まり（鼓脹症），呼吸困難や循環障害で急死することがある．鼓脹症を発見した場合は，強制的に歩かせたり，食道から第一胃にチューブを入れてガスを排出させる．緊急時は左腹部の体表から第一胃に針を刺してガスを抜く．

　また，厚い毛に覆われたヒツジは熱射病に罹りやすい．日陰のない放牧地や飲水が制限されるような場合に，体熱が放散できず，脈拍や呼吸の増加，ふらつきや起立困難を呈することがある．涼しい場所に移し，頭部や体を風や水で冷やし，可能なら冷水を飲ませる．

　放牧地での事故を防ぐために，事前の安全点検や放牧中の見回りを励行したい．

g. 妊娠期・分娩期に注意する病気

　妊娠中に母体側の要因や胎児側の要因で，偶発的な流産や死産が起こり得る．母体の栄養状態の悪化，腹部への圧迫，種々のストレスなどが流産の原因となるので，妊娠期，特に分娩が近い時期は母羊が快適に過ごせるよう注意したい．もし，何頭もの流産が続いたときには，特定の病原体（サルモネラ菌，リステリア菌，アカバネウイルスなど多種）の関与が考えられるので，獣医師に連絡する．流産胎児や胎盤などは適切に処分し，飼養場所の消毒を行う．

　老齢や運動不足のヒツジでは，大きくなった妊娠子宮の圧力で，膣が反転して体外に脱出することがある（膣脱）．脱出した膣粘膜は充血し，赤い風船のように見える．早期に脱出部を洗浄して人の手で体内に還納すれば，正常分娩が可能である．放置すると，排尿障害や細菌感染で衰弱する．再発防止のためには，専用の器具（リテーナ）を装着したり，外陰部の縫合を行う．

　妊娠後期や分娩後に飼料摂取が減少すると，エネルギー不足から代謝異常を

起こして，ケトン体による中毒を発症する（妊娠中毒症，ケトーシス，双胎病）．妊娠前期に内臓脂肪を蓄積した場合や多胎妊娠で発生しやすい．食欲不振，元気消失を示し，呼気や尿にアセトン臭がある．尿・血液・乳の検査でケトン体が検出され，血糖値が低下し，1～数日で死亡することもある．糖源物質（プロピレングリコール等）の経口投与，強肝剤や糖類等の点滴が必要である．予防には，交配期から適度な栄養状態を保ち，妊娠後期から泌乳初期にエネルギー不足とならないよう嗜好性の良い粗飼料や穀類を適宜与える．

　また，分娩後の泌乳開始によって血中カルシウム濃度が過度に低下し，元気消失，体温低下，起立困難，意識障害が起こることがある（乳熱）．そのまま死亡することもあるので，できるだけ早く獣医師の診療を依頼し，カルシウム剤等の投与が必要である．

　通常は分娩後数時間で排出される胎盤等が子宮内に滞留し，腐敗したり（後産停滞），分娩時の産道損傷から細菌感染し，発熱する場合がある（産褥熱）．妊娠中の栄養不良，難産，不適切な助産，不衛生な畜舎は要注意である．母羊の不調は，子羊の発育に影響するので，早めに抗生物質や解熱剤で治療する．

　分娩間もない時期は，感染への抵抗力が低下しており，乳房炎にも罹患しやすい．乳房内に細菌等が侵入し，乳汁の異常，乳房の腫脹・硬結，ときに発熱，食欲不振，元気消失を呈する．乳房内で細菌が増殖している状態なので，子羊には吸乳させず，乳汁をできるだけ体外に排出するよう頻繁に搾乳し，搾乳した乳汁を適切に廃棄する．治療については，抗生物質を乳房内あるいは全身に投与し，症状に応じて消炎剤，補液剤，ビタミン剤等を投与する．

h. 育成羊・肥育羊で注意する病気

　腸管内に少数常在するクロストリジウム属の細菌が，急激に増殖して毒素を産生し，出血性の腸炎を起こすことがある（エンテロトキセミア，出血性腸炎またはクロストリジウム症）．外的なストレスや飼料の急変などが引き金になるとされており，栄養状態の良好なヒツジが突然元気消失し，短時間で死亡することもある．発病したヒツジの糞便や内臓には大量の病原菌が含まれるので，疑わしい死亡例のときには，当該羊の排泄物を除去し，消毒を行う．

　肥育羊では，穀類の多給によって，尿石症を発症することがある．腎臓から尿道口までの経路を結石が塞ぎ，排尿障害，尿毒症を呈する．予防には，十分な飲水，粗飼料の給与，塩化アンモニウムやビタミン剤の投与を行う．

11.2 家畜伝染病への備え

畜産業への影響が大きい，あるいはヒトへの影響が大きい伝染性疾病は，家畜伝染病予防法において，監視伝染病として定められている（表11.3）．病気の疑いがあるときは，都道府県の家畜保健衛生所へ通報し，家畜伝染病と診断されれば，隔離や殺処分が必要となる．

表 11.3　ヒツジの監視伝染病（農林水産省『監視伝染病発生状況の累年比較（昭和12年～平成24年）』）

	伝染病名	病原体	国内での発生状況
家畜（法定）伝染病	牛疫	牛疫ウイルス	発生なし
	口蹄疫	口蹄疫ウイルス	2010年に宮崎県で大規模に発生
	流行性脳炎	日本脳炎ウイルス等	ブタで継続的に発生
	狂犬病	狂犬病ウイルス	1954年以降発生なし
	リフトバレー熱	リフトバレー熱ウイルス	発生なし
	炭疽	炭疽菌	2001年以降発生なし
	出血性敗血症	特定のパスツレラ菌	発生なし
	ブルセラ病	特定のブルセラ菌	ウシで年間0～3頭発生
	ヨーネ病	ヨーネ菌	ウシで年間数百頭，ヒツジで年間0～数頭発生
	伝達性海綿状脳症	異常プリオン	2011年にヒツジで2頭発生
	小反芻獣疫	小反芻獣疫ウイルス	発生なし
届出伝染病	ブルータング	ブルータングウイルス	ウシで稀に発生
	アカバネ病	アカバネウイルス	ウシで時に流行性に発生
	悪性カタル熱	ヘルペスウイルス	ウシで年間0～2頭発生
	類鼻疽	類鼻疽菌	発生なし
	気腫疽	気腫疽菌	ウシで年間数頭発生
	野兎病	野兎病菌	発生なし
	伝染性膿疱性皮膚炎	オルフウイルス	ヒツジで年間0～数十頭発生
	ナイロビ羊病	ナイロビ羊病ウイルス	発生なし
	羊痘	羊痘ウイルス	発生なし
	マエディ・ビスナ	マエディ・ビスナウイルス	ヒツジで2012年に発生
	伝染性無乳症	特定のマイコプラズマ	ヤギで2006年2頭，2010年4頭，2012年3頭発生
	流行性羊流産	特定のクラミジア菌	発生なし
	トキソプラズマ病	トキソプラズマ・ゴンディ	ブタで年間数十頭発生
	疥癬	ヒツジキュウセンヒゼンダニ	発生なし

11.2.1　口蹄疫

口蹄疫ウイルス感染による急性伝染病である．口腔内，舌，蹄部，乳頭に水胞やびらんが生じ，食欲不振や流涎，発熱等の症状がみられる．伝染力が非常

に強く，感染拡大を防ぐために家畜の淘汰や移動制限が行われる．口蹄疫を疑う症状を見つけた所有者・飼育管理者は，速やかに家畜保健衛生所へ連絡する義務がある．

2010年に宮崎県で発生した際は，経済的・社会的に甚大な被害が生じた．日本の周辺国では継続的に発生しており，ウイルスの国内侵入を警戒しなくてはならない．

11.2.2　スクレイピー（伝達性海綿状脳症）

異常プリオンタンパク質によって脳細胞の変性が起こり，痒み，運動異常など神経症状を示す病気である．異常プリオンタンパク質を含んだ飼料の摂取や患畜との同居で感染し，長い潜伏期（数ヶ月〜数年以上）を経て発病する．同様のプリオン病であるウシ海綿状脳症（BSE）は国内清浄化が達成されたが，ヒツジスクレイピーについては発生例がある．生前診断は難しく，12ヶ月齢以上で食用に屠殺したヒツジと死亡羊は，脳脊髄の検査が行われている．

11.2.3　ヨーネ病

ヨーネ菌による慢性腸炎と栄養不良を主徴とする病気である．ヒツジでの発生は少ないが，ウシでは年間400頭ほどの国内発生があり，ウシからの感染に注意したい．腸で増殖したヨーネ菌は糞とともに排出され，菌に汚染された飼料等で経口感染する．母畜からの胎内感染，乳汁感染もある．潜伏期間が長く，無症状で菌を排出している個体が汚染を拡大する．治療法はなく，糞便検査や血清検査で診断された患畜は淘汰される．

11.2.4　マエディ・ビスナ（進行性肺炎）

マエディ・ビスナウイルスによる，呼吸器症状を主体とする病気である．発咳，元気消失などの症状から始まり，数ヶ月の経過で肺炎による呼吸困難で死亡する．おもに飛沫感染だが，乳を介した感染もあり，数ヶ月〜数年の潜伏期間で発症する．乳房炎や脳脊髄炎を起こすことがある．日本は清浄国と思われていたが，2012年7月に国内の発生が確認された．

11.2.5 破傷風

土壌中の破傷風菌が傷口などから体内に入り，増殖して毒素を産生し，感染羊は全身硬直や痙攣を呈し，死亡する．子羊の断尾，去勢等の傷から感染する場合があり，予防にはワクチンを使用する．

11.2.6 アカバネ病

アカバネウイルスが妊娠羊に感染することにより，流産，胎児奇形（骨格異常，大脳欠損など）の異常産を起こす．吸血昆虫がウイルスを媒介するので，感染時期は初夏から秋に限定される．ヒツジ用の予防ワクチンはなく，ウシでの発生地域では季節繁殖の交配を早めない方がよい．

11.2.7 オルフ（伝染性膿疱性皮膚炎）

オルフウイルスの感染により子羊の口唇に丘疹，水疱，膿疱を生じ，吸乳や採食に支障を来す．また，母羊の乳頭に膿疱を生じることもある．病性は重くないが，口蹄疫と類似した症状を示すので，鑑別が必要である．また，ヒトにも感染するので，病畜を扱うときには，手袋をするか，事後に手指消毒を行う．

11.2.8 ブルータング

ブルータングウイルスが吸血昆虫の媒介によって感染し，発熱，顔面浮腫，流涎，嚥下障害，呼吸困難等の症状を現す．発症後期には，蹄部の腫脹や潰瘍形成，跛行を示すこともある．妊娠羊では，流産や異常産がみられることもある．

ヒツジでは国内の発生が確認されていないが，ウシの発生例があり，夏から秋にかけて感染の危険性がある． 〔白戸綾子〕

引用・参考文献

家畜伝染病予防法施行規則（昭和26年5月31日農林省令第35号）
農林水産省：家畜伝染病発生累年比較（1934-2012） http://www.maff.go.jp/j/syouan/douei/kansi_densen/pdf/h24_ruinen_kachiku_130417.pdf
農林水産省：届出伝染病発生累年比較（1937-2012） http://www.maff.go.jp/j/syouan/douei/kansi_densen/pdf/h24_ruinen_todoke_130417.pdf
Pugh, D.G.（2002）：*Sheep & Goat Medicine*，W.B. Saunders Company.
平　詔亨・藤崎幸蔵・安藤義路（1995）：家畜臨床寄生虫アトラス，チクサン出版社．

12. ヒツジの多面的利用

12.1 耕作放棄地における植生管理

　耕作放棄地とは過去1年間以上何も作付けされていない農地のことであり（農林統計協会，2005），わが国では1990年以降年々拡大し続け，2010年度の農林業センサスによれば全国で約40万ha（農林水産省，2012）と滋賀県の面積に匹敵するまでに至っている．作付けが放棄された農地は草木で藪化し，雨の多いわが国ではやがて森林へと回帰する．藪化した耕作放棄地は農地としての復元利用が困難なうえ，景観的にも好ましくなく，隠れ場所を提供することで近隣農地へのシカやイノシシといった害獣の侵入も引き起こす（江口，2013）．これらは高齢化によりただでさえ営農継続が困難な農村集落の活力を減退させ，農業生産的にも社会的にも大きな問題となっている．

　これら耕作放棄地の省力的な除草管理としてウシ（肉用繁殖牛）の放牧が全国で活用されるようになった．草食家畜を屋外の一定面積の草地に囲い込んで自分で採食させる放牧という飼育技術自体はわが国にも古くから存在したが，耕作放棄地のようなひとつひとつの面積が数十a程度という狭い野草地ではウシの食べる草は数週間しかもたず，次々と移動して放牧するいわゆる「小規模移動放牧」と呼ばれる放牧技術が必要であった．これを可能にしたのが太陽電池を活用した電気牧柵の利用技術，農業用ポリタンクを利用した簡易給水器の開発，ならびにシバ型草地の造成・利用技術の研究開発である（小山，2006）．これらの新技術を活用し，放牧のみで飼育できる肉用妊娠雌牛を小面積の耕作放棄地に次々と移動させながら放牧することで，繁茂する野草資源を畜産経営に活用できるとともに，植生管理による景観整備や農作物加害獣の防除にも役立てられる．加えて，動物を屋外で放し飼いにする放牧では，動物が

地域住民を引き付ける効果があることから，耕作放棄地を活用したウシの放牧は副次的に一種の観光資源として集落の活性化にも寄与することなどが明らかとなり（千田，2005），マニュアル化（農林水産省中国四国農政局，2005）を経て現在は全国で取り組まれるようになっている．

　しかしわが国ではウシの放牧が困難な傾斜地（例えば耕作放棄された棚田など）も多く，加えて移動を伴う小規模移動放牧では大型のウシは飼育経験者でなければ扱いが困難であるという難点もある．そこで，ウシよりも小型で高齢者や飼育未経験者でも扱いやすく，傾斜にも強いヒツジやヤギの放牧を活用した耕作放棄地の植生管理の事例が全国で散見されるようになってきた．ヒツジは多くの草本・木本種を採食でき，実際に耕作放棄地や森林内の放牧においてほとんどの植物を採食する（赤堀ほか，2005；徳田・戸苅，2009）ので，基本的には上記のウシで開発された技術を応用して，傾斜のある耕作放棄地や荒廃した林地，河川敷，あるいは工場の敷地内などの未利用地の植生管理に活用され始めている．これらの状況を受けて公益社団法人 畜産技術協会では，平成 22～24 年度に「耕作放棄地等めん山羊利用促進事業」として，ヒツジとヤギによる耕作放棄地放牧利用の事例調査を全国規模で実施した．事例の個別の内容や抽出された技術は「山羊とめん羊を用いた除草管理のためのマニュアル」（畜産技術協会，2012）としてまとめられ，おもに中山間地域の全市町村に配布されているので詳細はそちらを参照いただきたいが，耕作放棄地放牧を実施するにあたってヒツジに特有の留意点も明らかとなった．

　ウシやヤギでの放牧では一般的であるポリワイヤー製の簡易電気牧柵のみでの放牧事例は，現地調査を実施した 10 件のヒツジ放牧事例中 1 件も存在せず，牧柵の一部は電気柵であったとしても必ずネットフェンスやワイヤーメッシュを用いていた．これは臆病なヒツジの放牧の場合にはイヌなどの侵入を警戒してのことと思われ，実際に 10 件中 2 件で猟犬の攻撃への懸念が，1 件でキツネによる子羊の捕食が報告された．ネットフェンスと電気柵の併用で加害動物の侵入は阻止できるが，地面が平坦ではない傾斜地ではワイヤーネットフェンスの使用は限定されるので，傾斜地の場合にはネット電気柵を活用するなどの工夫が必要である．

　上述したようにヒツジは耕作放棄地に存在するほとんどの野草を採食するものの，基本的には 10～15 cm 程度の短草を好み，草量が豊富な場合にはスス

キやチカラシバ，ササなどの長草型草種を好まない（赤堀ほか，2005；徳田・戸苅，2009）．また，牧草に比べて栄養価の低い野草の場合，授乳期以外の成雌羊や成去勢雄羊の場合はともかく，子羊も得たいのであれば，いくら採食量が確保されても野草のみだと栄養要求量を満たすことはできない（森田，2012）．植生管理のみならず羊肉生産も目指す場合には，必ず補助飼料である濃厚飼料が必要となるとともに，濃厚飼料費を節減するために，耕作放棄地を高栄養の牧草地へと造成し，輪換放牧による短草利用を心がける必要もある．実際，現地調査した10件中6件が生体や加工肉を販売しており，うち4件はすでに寒地型牧草への転換を終えていた．つまりヒツジの場合，植生管理のみを目的にする場合と生産物（この場合は羊肉生産）までを目的にする場合で放牧の方法が大きく異なるので注意が必要である．もっともこれはウシ放牧での子牛生産の場合でも同じことなのであるが，身体の大きいウシの場合には1頭あたりの濃厚飼料量も多量となるため，耕作放棄地で濃厚飼料を補給してまで放牧を続けるよりも，授乳期には母子ともに畜舎で飼育した方が管理しやすいという事情による．つまりウシでは事実上妊娠期の肉用雌牛しか放牧されないのに対して，ヒツジでは放牧地で濃厚飼料を与えることで，繁殖ステージにかかわらず放牧が可能なためである．

　一方，ヒツジの生産物として羊毛生産を狙う場合には，必ずしもこのような集約的な放牧は必要ない．ここでいう羊毛生産とは，かつてのような原毛の量的生産を意味するのではなく，植生管理のために飼育するヒツジの羊毛を自分達で洗毛・紡毛して製品化して販売するという意味である．調査した10件中3件では，刈り取った羊毛を自分たちで製品化し，地元の直売所などで販売していた．特別な加工場などがなくとも自分達で生産・加工・販売までを一貫して実施できる羊毛生産は，耕作放棄地を活用しての一種の6次産業化の代表例とも考えられ，今や単なるゴミとして扱われることも多い羊毛の資源としての活用は，耕作放棄地を用いたヒツジ放牧飼育を促進する1つの展開方向と考えられる．加えて，10件中5件はヒツジ放牧飼育を導入した目的に，地元の子供達の学校教育への活用や地域住民への癒し効果を挙げていた．これら学校教育やアニマルセラピーと呼ばれる分野での活用の方向性については，次節で改めて紹介する．

〔安江　健〕

引用・参考文献

赤堀友紀・内藤範剛・江口祐輔・植竹勝治・田中智夫（2005）：中山間地域の休耕畑における羊の放牧が植生および野生動物の行動に及ぼす影響. *Animal Behaviour and Management*, **41**：92-93.
畜産技術協会（2012）：山羊とめん羊を用いた除草管理のためのマニュアル―山羊とめん羊で耕作放棄地を解消しませんか―，畜産技術協会．
江口祐輔（2013）：野生鳥獣による農作物被害の対策．最新の動物行動学に基づいた動物による農作物被害の総合対策（江口祐輔監修），pp.14-19，誠文堂新光社．
小山信明（2006）：耕作放棄地の畜産的利用．日本草地学会誌，**52**：109-110.
森田恵美（2012）：放牧―耕作放棄地，野草地等の利用について―．シープジャパン，**82**：1-4.
農林水産省（2012）：2010年世界農林業センサス結果の概要（暫定値）（平成22年2月1日現在）． http://www.maff.go.jp/j/tokei/sokuhou/census10_zantei/index.html （2013年9月27日アクセス）
農林水産省中国四国農政局（2005）：耕作放棄地を活用した和牛放牧のすすめ―だれでも，どこでも，かんたんに，中央畜産会．
農林統計協会（2005）：2005改訂 農林水産統計用語辞典，農林統計協会．
千田雅之（2005）：里地放牧を基軸にした中山間地域の肉用牛繁殖経営の改善と農地資源管理，農林統計協会．
徳田佐和子・戸苅哲郎（2009）：簡易電気牧柵を使えばどこでも出来る？―めん羊放牧を利用した景観維持目的の森林植生管理―．シープジャパン，**70**：7-9.

12.2 学校教育とアニマルセラピー

　ヒツジやヤギは小型で扱いやすく，わが国でも多くの観光牧場や動物園のふれあいコーナーなどで飼育展示されている代表的な農用家畜である．これらは基本的にレクリエーション目的の観光資源としての活用であるが，近年ではもう一歩進んで，ヒトの教育や健康に積極的に活用しようという方向性もみられるようになった．動物介在教育（animal assisted education：AAE）や動物介在療法（animal assisted therapy：AAT），動物介在活動（animal assisted activity：AAA）などと呼ばれる活用の方向である．しかし，その活用目的を明確に掲げて効果までを検証した報告の多くは，イヌやネコなどの伴侶動物やウサギやモルモットといった小動物に限られ，ヒツジをはじめとする農用家畜での研究報告は，乗馬という身体活動を伴うウマ以外ではきわめて少ない．本節ではこの分野になじみが薄い読者のために，まず活用する動物種にかかわら

ず，動物介在教育や，AATやAAAといったアニマルセラピー自体について概説し（12.2.1項），次にヒツジを含む農用家畜を用いた活用事例をいくつか紹介するとともに，この分野でのヒツジ活用の今後の展開方向を示したい（12.2.2項）．

12.2.1 AAEとアニマルセラピーにおける動物の効果

　動物とのふれあいやその飼育を通して教育効果を期待する試みを動物介在教育（AAE）と呼び，学校や園などの教育施設での動物飼育を通して生命の尊厳や責任感の醸成を期待する（全国学校飼育動物研究会，2006）ものから，教育施設にイヌなどの動物を滞在させることで，学習効果を高めることを期待する（Gee et al., 2007）ものまで，さまざまな形態が存在する．教育効果を期待する試みなので，その対象の多くは学習期（発達期）の子供～青年であり，健常者である場合がほとんどである．しかし，障がい児の療育（治療と教育の両方）や障がいや疾病のある成人に対する職業訓練的な要素を含む場合もあり，これらの場合は後述のアニマルセラピーとの区分は難しい．

　ヒトと動物がかかわることで心理的，社会的，身体的な効果を期待する行為の中でも，疾病や障がいの緩和につなげる治療とその評価を伴う医療行為での活用を動物介在療法（AAT），気分の高揚や抑うつ感の解消といったレクリエーション的行為で，治療やその評価を伴わない行為での活用を動物介在活動（AAA）と呼んでいる（岩本・福井，2001）．AATは治療行為なので何らかの疾病や障がいをもつ患者にのみ適用されるのに対して，AAAは健常者にも適用される．この様にAATとAAAは治療とその評価の有無により使い分けられており，日本語としての「アニマルセラピー（動物介在療法）」とは狭義ではAATのことを指すことになる．しかし英語の「therapy」には治療や療法という意味のほかに「癒し」の意味もあり，レクリエーション的行為であってもヒトへのリラックス効果を有するという点では，AATとAAAを合わせてanimal assisted interventions（訳せば動物介在介入：AAI）と呼んだり（Berget & Braastad, 2008a），単に「アニマルセラピー」と広義で呼ぶ場合もある（津田，2001）．むしろ日本語の片仮名表記で「アニマルセラピー」と記載する場合には，この広義の意味で使用される場合が一般的である．そこで一般向けの本書では，混乱を避けるために両者を区別する必要がある場合には

それぞれを AAT，AAA と区別するが，必要のない場合には両者をまとめて「アニマルセラピー（または単にセラピー）」と表記する．同様に，上記の AAE の場合も対象者が障がい児や患者の場合には，教育効果のみならず治療効果も期待する場合があり，アニマルセラピーとの区別が難しい場合がある．そこで，これら AAE, AAT, AAA はいずれも教育者（または指導者）と対象者，医者や療法士と患者や障がい者（児），および実施者と対象者といったヒト間の行為に動物を介入させるという意味において，本書では AAE, AAT, AAA の 3 つを便宜的にまとめて上記の AAI と表記することとする．

　AAI に関する歴史とその効果に関してはすぐれた成書が日本語でも出版されている（岩本・福井，2001）ので詳細はそちらをご覧いただきたいが，その活用と効果が最も報告されている動物が伴侶動物であるイヌと農用家畜であるウマである．病院などの医療施設や福祉施設での治療的活用を考える場合，ヒトによる家畜化の歴史が最も古く，感情表現が豊かで施設内での飼育や施設への訪問も比較的容易なイヌは活用されやすい．一方，大型の農用家畜であるウマは，施設内での飼育や施設への訪問は容易ではないものの，動物に乗る（騎乗する）ことによる振動により，身体機能の改善という他の動物種では得難い特徴的な効果を得ることができることから，イヌなどの伴侶動物がアニマルセラピーに活用される以前から「乗馬療法（hippotherapy や rinding therapy）」として活用されている．

　Beetz ら（2012）は近年，AAI の心理社会的および精神生理学的効果に関する今までの研究報告を総説する際に，AAI に関する広範なメタ解析を実施した．具体的にはおもに Medline と PsychLit を用いて AAT, AAA, 乗馬療法, HAI（human-animal interaction の略）といった単語で査読付き学術誌に掲載された原著研究のみを検索した（つまり総説や報告は含めない）．また，乗馬療法における動作や姿勢の改善効果という身体機能に関する報告は除外するとともに，科学的信憑性の観点から，AAI を実施しない対照群を設けて各群で最低 10 名の被験者を用いた研究のみを抽出した．1983～2011 年までに発表された計 69 の原著論文が抽出され，やはりイヌとウマが多いものの動物種としては魚からウシまで，対象者もすべての年齢層の健常者から種々の精神疾患者や認知症の高齢者まで，実施場所も統制のとれた実験室条件下から屋外の牧場で実施されたものまで多岐にわたった．Beetz ら（2012）はこれら 69

の原著論文を総説し，対象者の健康状態や症状，年齢や，用いる動物種にかかわらず共通するAAIの心理社会的および精神生理学的効果として，①動物や他者へのアイコンタクトや発語の増加による社会的注目度と社会的行動の増加，およびこれらの結果であるその場の対人交流および雰囲気の向上，②コルチゾール濃度の低下や心拍および血圧の低下といった生理的指標への効果（これらはいずれもストレスの緩和を示す指標），③恐怖と不安感の減少，特に循環器病患者の精神的・身体的健康性の向上，などは科学的に充分に立証された効果と考えてよいと評している．加えて，まだ充分に立証されたとは言い難い限定的な効果として，④エピネフリンやノルエピネフリンのようなストレス関連指標の減少，⑤免疫システム機能と痛覚管理の改善，⑥他者への信頼と他者からの信用の増加，⑦攻撃性の減少，⑧共感の増進と学習の改善，を挙げている．④～⑧の限定的効果については今後のさらなる研究を待たねばならないが，①～③についてはAAIのほぼ普遍的な効果とみてよいと考えられる．つまり動物を介在することによって得られるこれらの効果を，専門的な訓練を受けた者が，スクリーニングされた動物を用いて教育，医療，レクリエーションにうまく活用する方策がそれぞれAAE，AAT，AAAなのである．

12.2.2　農用家畜の活用事例と今後の展開方向

　AAIへのウマ以外の農用家畜の活用に関する学術論文は上記のようにきわめて少なく，特にヒツジとなると報告は皆無に近い．これはヒツジをはじめとするウマ以外の農用家畜が，AATよりもおもに観光牧場や動物園でのふれあい展示（AAA）や教育面（AAE）で活用されているためと思われる．単にヒツジに給餌してふれあうというイベント的な展示であっても，男の子と動物を飼っている女性では唾液アミラーゼ活性がふれあい後に有意に低下したという報告（押部ほか，2011）があり，少なくともBeetzら（2012）が科学的に立証された効果として挙げた上記②のストレス緩和効果は，ヒツジのレクリエーション的展示においても普遍的に得られるものと思われる．しかし観光牧場や動物園でのふれあい展示はその究極目標が参加者数（つまり集客性）にあることを考えると，科学的検証よりもむしろイベント性の高さが求められるために効果の学術的報告が少ないのであろう．またAAEの場合の教育効果は個別的（つまり質的データ）であると同時に持続的（つまり長期的）でもあるため，

得られた効果が純粋に対象動物によるものかどうかの判断が困難であるためであろう．

　ヒツジをはじめとする農用家畜を用いたAAEの代表としては，わが国では1999（平成11）年から制度化された「酪農教育ファーム」がある．酪農教育ファームは「食といのちの学び」という教育目標を，「酪農体験」や「動物とのふれあい」を通して達成することを目的とする酪農場のことであり，学校と認証牧場が協働して実践しているAAEである．2009年に実施されたアンケート調査（大江，2011）では，全国の酪農教育ファーム認証牧場204件のうちの15件（7.4％）でヒツジの毛刈り体験をメニューとして用意しており，毛刈りから製品化までを一貫して体験することによる教育効果の高さも報告されている（谷田・木場，2006）．つまりわが国でのAAEの場面は学校・園などの教育現場での動物飼育か，教育ファームのような牧場に出向いての教育かのどちらかで，前者はおのずとウサギやニワトリなどの小型動物が，後者はおもに乳牛（補助的にはヒツジも含む）が活用の中心となるのが現実であろう．加えて，前者では子供達自身が飼育の主体となることで「いのちの尊さ」や「責任感の醸成」といった初等教育に重点が置かれるし，数回訪れるだけの教育ファームではむしろ「食農教育」や「キャリア教育」といった高等教育に重点が置かれることになる．

　これら学校飼育動物や教育ファームの家畜を用いたAAEの対象者は基本的に健常者であるが，障がい児を対象とした療育施設が農用家畜の飼育を活用している例も存在する．例えば北米ニューヨーク市郊外で6～18歳の発達障がいや情緒障がい児約200人の療育を実践しているグリーンチムニーズ（GC）では，保護した野生鳥獣を含む300頭以上の動物と鳥の飼育を通して，「いのちの尊さ」や「責任感」の醸成はもとより2年前後での通常学級への復帰を目標としており（金子，2010），34頭とニワトリに次いで多くのヒツジを飼育して療育に活用している．わが国での同様の事例として，千葉県木更津市で就学前（0～6歳）の発達障がい児の療育を実践しているのぞみ牧場学園でも，施設内で飼育しているイヌやネコを始め，ウマを用いた乗馬療法や，ヒツジ，ヤギ，ミニブタ，ニワトリなどとのふれあいを通して，並行して実施される言語聴覚療法や作業療法，心理指導による療育効果を高めている（津田，2013）．GCとのぞみ牧場学園のどちらも，ヒツジを活用した毛刈りショーと羊毛加工

は大きなイベントとして実施されており，ヒツジの重要性が示唆されるものの，こちらもほかの療育プログラム，ほかの動物種とのふれあいとの共同の効果であり，ヒツジ飼育自体のセラピー効果は不明である．

　酪農教育ファームが民間の生産牧場に AAE の機能を追加した形態であるのに対して，GC やのぞみ牧場学園は障がい児への療育施設をアニマルセラピーや AAE のために牧場化した形態とみることができるが，近年では両者の融合型ともいうべき care farming や farming for health と呼ばれる取り組みが欧州を中心に広がっている（Relf, 2006）．farming for health とは，簡単に言ってしまえば，上記の酪農教育ファームが健常者への AAE 実施機能から障がい者や高齢者へのセラピー実施機能へシフトしたような農場をイメージすればよいと思われる．ただし farming for health の活動は歴史的にはアニマルセラピーよりも古くから欧米で実践されてきた園芸療法（つまり植物介在療法）から出発しているので，ほとんどの農場で動物は活用されているものの，植物（作物）との活用の比率は農場により異なる．上記の GC も牧場でのアニマルセラピー部門のみならず有機農園での植物介在療法部門を有しているので，その意味ではまさに care farm の先駆けなのであろう．高齢化による医療・福祉費の出費を抑えたい欧州では，国民の健康増進に農場を活用するとともに，環境保全型（地域循環型）の小規模農家に食料生産以外の付加価値を見いだしたい（つまり補助金の支出根拠としたい）という背景があり，動物のヒトへの健康効果が近年科学的に証明され始めたことも受けて，民間の農場を care farm として AAT に活用したり，リハビリを兼ねた就農訓練に活用したりする方向にある（Hassink, 2003）．

　Hassink（2003）は，従来の食料生産主体からセラピー主体の経営まで種々の形態の 15 軒の care farm を経営調査し，オランダではいまだセラピー主体の care farm は経営的に自立できておらず，AAT 部分をあくまで経営の補助的位置づけとしている農家がかろうじて収益を得ている状況であることを報告した．同時に，オランダのほとんどの care farm がウシ，ウマ，ヒツジ，ヤギといった農用家畜を用いたプログラムをセラピーのメニューに挙げており，経営の主体としてセラピーを実施する農場では，障がい者が取り扱いやすいように，動物種を乳牛からヒツジやヤギの小型家畜に切り替える農家もあることを報告している．またヒツジを活用している農家では，やはりヒツジの毛刈りを

セラピーの有効なプログラムとして挙げていることから，メニューとしてのヒツジの重要性は示唆されるものの，こちらもほかの療育プログラム，ほかの動物種とのふれあいとの共同の効果であり，ヒツジ飼育自体が AAT の効果に果たしている役割は残念ながら不明である．

ウマ以外の農用家畜における AAT の効果として，上記 Beetz ら（2012）のメタ解析で抽出された唯一の報告に，Berget らによる care farm での一連の研究がある（Berget *et al*., 2007；2008b；2011）．統合失調症や人格障がいなどの精神疾患者に対して，care farm での作業療法（おもにウシの世話や搾乳）を1日3時間，週2日で計12週間実施した結果，開始時と終了時の比較において作業への「集中度」や「正確さ」で有意な上昇が見られたものの，12週間では不安感や抑うつ感，自己効力感，対処行動，生活の質には影響はみられなかった．しかし AAT 終了6ヶ月後には自己効力感と生活の質スコアは AAT なしの対照群よりも有意に上昇し，AAT による新規な経験に対する「集中度」や「正確さ」の上昇を通して，その後の生活における新規な経験（あるいは社会性）に対する自信につながった可能性が報告されている．この研究は care farm で実施されたもので，本来は療法のプログラムには園芸療法なども含まれるが，農用家畜（ウシ）を用いた AAT 自体の効果を検討するため，あえて動物と直接かかわる作業以外は除外したプログラムとしている点で貴重な研究である．また，AAT の効果としてヤギ飼育自体の効果が報告されており，週あたり1時間，計11週間の飼育作業（おもに給餌とブラッシング）では，多重障がいのある入所成人男女の作業への集中度，積極性，作業の中断や無関心，喜びの表出における正の効果が，AAT 終了時の11週目まで持続した（Scholl *et al*., 2008）．この研究は入所患者への AAT として，施設の隣接地にヤギ飼育場所を設けて実施したため，ヤギ飼育自体の効果が得られた貴重な研究である．

AAI としてのヒツジ活用の展開方向を考える場合，これら Berget ら（2007；2008b；2011）や Scholl ら（2008）の研究のように，ヒツジという動物自体，または毛刈りや薬浴といったヒツジに特徴的な飼育管理の体験自体の効果については，少なくとも科学的に明らかにされる必要はあろう．上述のように，わが国でのヒツジ活用場面のほとんどは観光牧場や動物園のふれあいコーナーでの AAA 的活用や酪農教育ファームにおける AAE での補助的活用（毛刈りや

羊毛加工などのイベント的活用）に限定されているのが現状であるが，ヒツジ自体，あるいはヒツジのどのような飼育管理作業が対象者にどのような効果を与え得るかが明らかになれば，教育ファームでのAAEとしてのヒツジのさらなる活用や，今後わが国でも展開が予想されるcare farmでのAATとしての活用が見込めるものと思われる．一方で，健常者に対するAAE的活用ではまだしも，障がい者などに向けたAAT的活用のためには明らかにしておかねばならない事項も多い．ヒツジやヤギは農用家畜の中でも小型で扱いやすく，威圧感が少ないので子供や障がい者へのAATでも取り入れやすい動物ではあるものの，やはり植物を用いる園芸療法やイヌなどの伴侶動物を用いる場合よりもけがなどの危険性は高まる（Berget & Braastad, 2008a）．対象者の障がいの程度に応じた管理作業の選定とともに，その作業の潜在的危険性について評価する必要がある．加えて，AATに使用する個体の見知らぬヒトに対する順化も，危険性と動物福祉の両面から検討する必要もあろう．利用したい管理作業によっては，人工哺育個体の使用などが条件となる場合も当然あり得ると考えられる．

〔安江　健〕

引用・参考文献

Beetz, A. et al. (2012)：Psychosocial and psychophysiological effects of human-animal interactions: the possible role of oxytocin. Frontiers in Psychology, **3**：1-15.
Berget, B. et al. (2007)：Humans with mental disorders working with farm animals. Occupation Therapy in Mental Health, **23**：101-117.
Berget, B., Braastad, B. O. (2008a)：Theoretical Framework for animal-assisted interventions-Implications for practice. Therapeutic Communities, **29**：323-337.
Berget, B., Ekeberg, O., Braastad, B.O. (2008b)：Animal-Assisted Therapy with farm animals for persons with psychiatric disorders: effects on self-efficacy, coping ability, and quality of life, a randomized controlled trial. Clinical Practice and Epidemiology in Mental Health, **4**：doi:10.1186/1745-0179-4-9.
Berget, B. et al. (2011)：Animal-Assisted Therapy with farm animals for persons with psychiatric disorders: effects on anxiety and depression, a randomized controlled trial. Occupation Therapy in Mental Health, **27**：50-64.
Gee, N.R., Hattis, S.L., Johnson, K.L. (2007)：The role of therapy dogs in speed and accuracy to complete motor skill tasks for preschool children. Anthrozoos, **20**：375-386.
岩本隆茂・福井　至（2001)：アニマル・セラピーの理論と実際，培風館．
金子明日香（2010)：グリーン・チムニーズにおける馬の活用．ヒトと動物の関係学会誌，**26**：27-31.

大江靖雄（2011）：酪農教育ファームの体験サービスの経営効率性評価．酪農教育ファーム活動の経営効率性に関する調査研究報告書, pp. 4-37. http://www.dairy.co.jp/edf/chosa/kulbvq0000002uut.html（2013年10月1日アクセス）

押部明徳ほか（2011）：ヒツジを用いた動物介在イベントが参加者の唾液アミラーゼ活性に及ぼす影響．日本畜産学会報, **82**：391-395.

Relf, P. D. (2006)：Agriculture and health care—The care of plants and animals for therapy and rehabilitation in the United States. *In Farming for Health*（Hassink, J., van Dijk, M. eds.), pp. 309-343, Springer.

Scholl, S. *et al.* (2008)：Behavioural effects of goats on disabled persons. *Therapeutic communities*, **29**：298-309.

谷田　創・木場有紀（2006）：動物介在教育の実践—幼児を対象としたAAEを中心として—．ヒトと動物の関係学会誌, **17**：28-34.

津田　望（2001）：アニマルセラピーのすすめ—豊かなコミュニケーションと癒しを求めて—，明治図書.

津田　望（2013）：動物介在活動・療法の実践現場から—総合的セラピーの中のAAT—．日本畜産学会第116回大会講演要旨，77.

全国学校飼育動物研究会（2006）：学校・園での動物飼育の成果，緑書房.

索 引

欧 文

1価不飽和脂肪酸　109
1次破水　57, 59, 93
2次破水　57, 59, 93
6次産業化　172

A飼料　85
Advanced Central Evaluation　156
AFRC飼養標準　64
animal assisted activity　173
animal assisted education　173
animal assisted interventions　174
animal assisted therapy　173
ARC飼養標準　64

BCS　84
BLUP法　142, 144
BSE　26, 168
bulk　134

care farming　178
CIDR　98
CP　63, 68

DDGS　81
DE　65
DG　61

FAG　97
farming for health　178
FSH　37, 87, 88, 90

GnRH　37, 88, 90

HDL　114

kemp　134

L-カルニチン　27, 113
LAMBPLAN　157
LDL　114
LH　37, 87, 88, 90
LHサージ　87, 90
luster　134

MAP　97
ME　65
MERINOPLAN　157
MP　68

n-3系脂肪酸　114
n-6系脂肪酸　114
NDF　75
NE　65
NFE　80
NRC飼養標準　64

Pクリーム　98
Pスポンジ　98
PGF2α　91, 93, 98
PMSG　98

Rooin　129

's　4, 135
softness　134

TDN　64, 65, 73
TMR　80, 83
TMRセンター　83

VFA　117

α-ヘリックス　126

μ　4, 135

ア 行

赤カビ病　85
アカクローバ　78
アカバネ病　169
アクチン　108
アクロシン　96
アシドーシス　80
アストラカン　139
アセビ　84, 165
後産停滞　166
アニマルウェルフェア　39
アニマルセラピー　173, 174
アミノ酸　129
アミノ酸組成　108
アメリカン・メリノ　6, 8
アラキドン酸　109, 114
アルガリ　1, 30, 34
アルカロイド　84
アルファルファ　77
アワシ　7, 12
アンドロジェン　37, 94
アンモニア　63

イギリス種　5
育種　140
育種価　142
生贄　16
イースト・フリージアン　7, 12
イタリアンライグラス　74
胃チューブ　57
胃腸炎　164
遺伝相関　141
遺伝率　141, 142
糸　15
稲発酵粗飼料　79
イネホールクロップサイレージ　79
囲卵腔　97
陰茎　95
インドール　117
陰のう　56, 94

ウシ海綿状脳症　26, 168
ウール　4, 128

索　　引

ウールタイプ　138

エクソキューティクル　125, 130
エコフィード　81
エストロジェン　87, 90, 93
枝肉構成　112
枝肉歩留まり　112
エネルギー要求量　65
エピキューティクル　125, 130
エラスチン　108
エンテロトキセミア　166
エンドキューティクル　125, 130
エンバク　79

黄体　87
黄体形成　90
黄体形成ホルモン　37, 87
黄体ホルモン　87
オオムギ　79
オキシトシン　93
オーストラリアン・メリノ　6, 8
オーチャードグラス　74
織り　14
オルソコルテックス　126
オルフ　169
オレイン酸　109, 114
温熱環境　40

カ　行

外陰部　88
開花期黄体　87
外周柵　49
改良種　4
家系内選抜　150
崇高性　10, 134, 137
カシミヤ　130
可消化エネルギー　65
可消化養分総量　64, 65, 73
下垂体　37, 87
カスチジャーナ　12
花葯　127
家畜　2
家畜化　2
カーペットグラス　77
可溶性無窒素物　80
カラクール　7, 139

カラードギニアグラス　77
カリウム　110
ガロール　146
簡易電気柵　51
眼瞼内翻　164
監視伝染病　167
顔腺　32
完全混合飼料　80, 83
完全優性　141
乾草　82
寒地型イネ科牧草　73
換毛　3
寒羊　6
乾酪性リンパ節炎　54, 164

気管支炎　164
寄生虫症　161
季節外繁殖　37, 98
季節繁殖動物　37, 58, 88
亀頭　96
ギニアグラス　76
揮発性脂肪酸　117
キャリパス　153
丘陵種　5, 88
キューティクル　125, 130
共役リノール酸　124
去勢　56, 59
筋形質タンパク質　108
筋原繊維タンパク質　108
近交係数　145
近親交配　145
筋繊維　108

空体重　61
クズ　80
グラーフ卵胞　87
グリセリン　100
クリープ柵　45
クリープ・フィーディング　46, 60, 111, 116
クリンプ　4, 126, 131
クロストリジウム症　166
クロスブレッド　133
群集性　35

毛色に関与する遺伝子座　147
毛皮用種　7
結合組織　108
血統登録　17, 150, 151
ケトーシス　166

ケープ・メリノ　8
ケラチン　129
下痢　164
ゲル　15, 131
捲縮　126, 131
ケンタッキーブルーグラス　75
ケンプ　128, 134

鉱塩台　46, 48, 51
睾丸　56
耕作放棄地　32, 170
合成黄体ホルモン　97
高地種　5, 7
高張力網線　49
口蹄疫　161, 167
広尾種　5
高比重リポタンパク質　114
抗病性　148
国産羊肉　28, 120
国産羊毛　25, 29, 137
鼓脹症　165
コムギ　79
米ぬか　81
コラーゲン　108
コリデール　6, 10, 22, 24, 88, 116, 149
コルチゾール　93
コルテックス　125, 131
コーンクラッシャー　78
コントラクター　83

サ　行

再生繊維　132
臍帯炎　164
細尾種　5
細毛種　133
在来種　4
サイレージ　82
サイロ　83
サウスダウン　6, 9, 11, 149
酢酸フルオロジェストン　97
酢酸メドロキシプロジェステロン　97
ササ　80
サフォーク　6, 9, 26, 88, 105, 116, 134, 137, 140, 148, 149
サフォーク種審査基準　154
山岳種　5, 88

索引

産褥熱　166
産子率　146
産肉性　31, 148
産毛性　147

シェットランド　7
趾間腺　32
子宮　87, 91
子宮頸　88
子宮頸管内人工授精　102
子宮小丘　88
子宮腺　88
子宮内人工授精　102
シコクビエ　79
脂質　109
試情　104
視床下部　37, 88
雌性ホルモン　87
自然交配　58
飼槽　42, 46
脂臀羊　5, 31
シバ　80
シバ型草地　170
脂尾羊　5, 31
シープスキン　138
脂肪酸　109
脂肪酸組成　109
脂肪の融点　114
舎飼い　41
舎飼仕上げラム　62, 107, 115
ジャコブ　34
射精　95
シュウ酸　84
縮絨　14
熟成（肉）　118
ジュース粕　81
受精　87, 92
授精適期　104
受精能　92, 96
受精卵　87
主動遺伝子　141
授乳期の管理　60
種めん羊登録　151
シュロップシャー　6
春期発動　88
飼養衛生管理基準　161
松果体　88
小規模移動放牧　170
硝酸塩　84
正倉院　127

焼酎粕　81
乗馬療法　175
飼養標準　64, 118
正味エネルギー　65
醤油粕　81
食草行動　36
初乳　57
飼料　73
飼料イネ　79
飼料作物　78
飼料用ビート　84
視力　33
シロクローバ　78
ジンギスカン　27, 120
人工授精　99
　　——後の受胎率　104
進行性肺炎　168
人工腟　99
人工哺育　58
人工哺育器　58
審査委員　156
陣痛　93
真皮　138

水槽　46, 51
スカトール　117
スキムミルク溶液　100
スクレイピー　26, 148, 168
スケール　125, 129
スコティッシュ・ブラックフェイス　7
ススキ　80
スズラン　84, 165
スーダングラス　79, 84
ステアリン酸　109, 114
ステイプル　14, 128
ステーション形式　150
すのこ床　44
スパニッシュ・メリノ　6, 8, 23, 35
スピンドル　15
スプリングフラッシュ　48
スプリングラム　113, 115

精液希釈液　100
精液採取　99
精液ストロー　101
精液注入器　102
精管　95
精管精索部　57

性行動　36
精細管　94
青酸配糖体　84
精子　92, 96
性周期　90
精漿　95
生殖器（雄）　93
生殖器（雌）　87
生殖腺　87
性成熟　88
性腺刺激ホルモン　37, 87, 88, 90
性腺刺激ホルモン放出ホルモン　37, 88, 90
精巣　93, 94
精巣上体　95
精のう腺　95
精母細胞　94
性ホルモン　37
セカント　4, 135
赤外線ランプ　58
セルトリー細胞　94
染色　16
染色性　132
染色体数　34
先体　96
先体反応　92, 97
センチピードグラス　77
剪蹄　55
繊度　4, 135
選抜　3
選抜指数　141
剪毛　54
　　——の手順　55
剪毛ハサミ　54
前立腺　95

相加的遺伝子効果　143
掃除刈り　52
双胎病　166
測杖　153
鼠径腺　32
組織脂質　109
粗飼料　62, 73
粗繊維　73
粗タンパク質　63, 68
粗毛種　4, 133
ソルガム　79, 84

タ 行

体格審査　154
代謝エネルギー　65
体尺測定　153
代謝性タンパク質　68
代償性発育　61
大豆粕　81
タイプ　4
代用乳　58
ダウン系種　9
多価不飽和脂肪酸　109, 114
タスマニアン・メリノ　8
短日処理　98
短日性　37, 88
暖地型イネ科牧草　76
タンパク質　108
タンパク質要求量　68
断尾　56, 59
短尾種　5
短毛種　4, 6, 133

チェビオット　7, 88, 134
畜産技術協会　150
蓄積脂質　109
致死遺伝子　141
チーズ　16, 124
腟　88
腟鏡　102
腟深部人工授精　102
腟脱　165
チモシー　74
着床　90, 92
中性デタージェント繊維　75
中毛種　133
長尾種　5
長毛種　4, 7, 133
直接効果　144
直毛種　4

追従性　35
角　33
紡ぎ　14

ディジットグラス　77
低体温症　57
低地種　5, 88
低比重リポタンパク質　114
テクセル　6, 11, 29

鉄　110, 113
手紡ぎ　135
電気柵　49, 170, 171
電気バリカン　54
伝染性膿疱性皮膚炎　169
伝達性海綿状脳症　168
デンプン粕　81
転牧　49

凍結精液　99
島嶼種　5
淘汰　3
豆腐粕　81
動物介在介入　174
動物介在活動　173, 174
動物介在教育　173, 174
動物介在療法　173, 174
透明帯　87, 97
トウモロコシ　78
ドーセット・ダウン　6
ドーセット・ホーン　6, 10, 33, 88, 140
ドーパー　6, 10
止め雄　10, 142
トールフェスク　74
トロポミオシン　108

ナ 行

長柵　45
中仕切り柵　49
中番手　4, 8, 135
ナタネ粕　81
ナトリウム　110
難産介助　57
難燃性　132
肉基質タンパク質　108
肉用種　6, 7, 9
二次発酵　83
日増体量　61
日照時間　37, 88
ニードルパンチ　134
ニードルフェルト　15
日本コリデール　11, 149
日本コリデール種審査基準　155
日本飼養標準　64, 69, 117
日本のヒツジ生産　23
日本めん羊登録規程　150

乳酸菌　82
乳熱　166
乳房炎　166
乳用種　7, 11, 124
尿石症　166
尿素　63
尿道　95
尿道球腺　95
尿道口　88
尿道突起　96
妊娠　90, 92
妊娠期の管理　59
妊娠中毒症　166
妊馬血清性性腺刺激ホルモン　98

熱射病　165
熱性多呼吸　41
熱的中性圏　40
ネットフェンス　49, 171
ネピアグラス　77
捻転胃虫　148

濃厚飼料　46, 62, 80, 117
農産残さ　81
脳脊髄糸状虫症　163
ノーフォーク・ホーン　9

ハ 行

媒染剤　16
胚膜　92
排卵　87, 90
白体　87
破傷風　169
バスク・バーン　7
麦角病　85
白筋症　164
発酵TMR　83
発情　90
発情兆候　104
発情同期化　97
ハードウィック　134
パドック　42
バトン　49
バーバリーシープ　1
バヒアグラス　77
パピラ　126
ハーフブレッド　133
パラコルテックス　126

パリセードグラス　77
バルバドス・ブラックベリー　7, 13
パルミチン酸　109, 114
繁殖性　146
繁殖率　146
反芻胃　60, 63, 111, 117
反芻行動　36
反芻動物　31
伴性優性　141
番手　4
反毛　132

ヒアルロニダーゼ　96
肥育　111, 116
庇蔭小屋　51
ヒエ類　79
皮脂腺　127
微生物体タンパク質　63
非相加的遺伝子効果　143
ビタミン　110
ビッグホーン　1
ヒツジ
　——と文化　14
　——の色覚　33
　——の歯式　32
　——の視野　32
　——の視力　33
　——の体尺　152
　——の多面的利用　170
　——の角　33
　——の妊娠期間　59, 92
　——の品種　5
　——の分類　3
ヒツジ飼育頭数
　——（世界）　18
　——（日本）　25
　——（日本地域別）　28
ヒツジ属　4, 132
必須アミノ酸　108
必須脂肪酸　109
蹄　55
泌乳性　148
ヒマワリ粕　81
ビール粕　81

フィッシャーマン・セーター　15
フィードバック　90
フィニッシュ・ランドレース　6, 13, 105, 146
フィンシープ　13
フェストロリウム　75
フェタ　124
フェルト　14, 15, 131, 134
副腎　93
副生殖器　87, 93
副生殖腺　95
腐蹄症　55, 163
太番手　4, 8, 135
フライスランド　12
フラッシング　59
フリース　10, 128
ブリテッシュ・フライスランド　7, 12
ブリテッシュ・フリージャン　12
フルクトース　95
ブルータング　169
ブルーラ・メリノ　146
プロジェステロン　87, 90, 92, 93
プロジェストージェン法　97
プロスタグランジン F2α　91
プロトフィブリル　126
分岐鎖脂肪酸　117
分娩　57, 59, 93
分娩柵　45, 59

ヘアー　128
ヘアタイプ　4, 13, 138
ペコリーノ・ロマーノ　124
ヘモグロビン　108
ペレニアルライグラス　74
ペレンデール　6

放射冠細胞　97
包皮　95
放牧　48, 81, 117, 170
放牧仕上げラム　62, 107, 115
放牧臭　117
放牧面積　48
飽和脂肪酸　109
ホゲット　16, 113
母性効果　142, 144
母体胎盤　88
保定　53
ボディーコンディションスコア　84
ボトルネック効果　146
ホールクロップサイレージ　78
ポール・ドーセット　6, 29
ポールワース（ポロワス）　6, 22

マ 行

マイクロン　4, 135
マエディ・ビスナ　168
マーキング　32
マクロフィブリル　126
マトン　16, 26, 107, 113
マトン臭　117
マネッシュ　12
マメ科牧草　6
マンクス・ロフタン　7, 137
マンチェガ　7, 12

ミオアルブミン　108
ミオグロビン　108
ミオゲン　108
ミオシン　108
ミクロフィブリル　126
ミトコンドリア鞘　96
ミネラル　110
ミルクラム　62, 113, 115

麦茶粕　81
無血去勢器　56
ムートン　139
無尾種　5
ムフロン　1, 30, 34

メデュラ　126, 128
メドウフェスク　74
メラトニン　88, 98
メリノ　7, 10, 22, 23, 24, 33, 133, 134
緬山羊　34
綿実粕　81
メンデルの法則　140
細毛種　4

蒙古羊　6
毛根　126, 128
毛髄　126
毛肉兼用種　6, 10
毛用種　6, 7

ヤ 行

ヤギ　34
野生羊　1, 30
野草　80, 170

有機農業　137
雄性ホルモン　94
有毒植物　84, 165
油実類　80
輸入羊肉　26, 28
ユリアル　1

羊脂　127
羊舎　41
　——内の設備　45
　——の構造　43
羊肉　16, 107
　——のアミノ酸組成　108
　——の一般成分　107
　——の加工　118
　——の脂質　109
　——の脂肪酸組成　109
　——の生産量（世界）　20
　——の生産量（日本）　28
　——のタンパク質　108
　——の調理　119
　——の特徴　113
　——のビタミン　110
　——の部位　119
　——のミネラル　110
　——の輸入量　28
羊乳　16, 29, 124
　——の生産量　20
羊皮　138
羊皮紙　16
養分要求量　60

腰麻痺　163
羊毛　4, 14, 125
　——の加工　134
　——の構造　125
　——の生産量　20
　——の特徴　128
　——の分類　132
　——の利用　127
羊毛繊維　4, 14, 130
羊毛肥料　16
ヨーネ病　168
予備登録　151
撚り　15, 135

ラ 行

ライディッヒ細胞　94
ライムギ　79
ライランド　6
酪農教育ファーム　177
ラコーヌ　7, 12, 146, 148
ラップサイレージ　83
ラノリン　15
ラムスキン　139
ラム肉　16, 26, 107, 111, 115
卵管　87
卵管采　87
卵管膨大部　87, 92
卵丘細胞　96, 97
卵ク糖液　100
卵子　92
卵巣　87
ランブイエ・メリノ　6, 8
卵胞　87
卵胞期　90
卵胞刺激ホルモン　37, 87
卵胞ホルモン　87

リテーナ　165
リードカナリーグラス　75, 84
離乳　111
離乳と乾乳　60
リノール酸　109, 114
リノレン酸　109, 114
流産　165
療育　174
量的形質　141
リン　110
臨界温度　40
リンカーン　7, 10, 11, 35, 134, 149
輪換放牧　49
鱗片細胞　125

ルーメン発酵　63
ルーメン微生物　63

冷蔵精液　99
冷凍マトン　120
レスター　7, 10, 11
レンゲツツジ　84, 165
連続放牧　49

ローズグラス　76
ロックフォールチーズ　12, 124
ロマノフ　7, 13, 146
ロムニー　134
ロムニー・マーシュ　7, 10, 22
ロールベールサイレージ　83
ロールベール草架　46, 48

ワ 行

ワイヤーメッシュ　171
ワラビ　84

編集者略歴

田中　智夫（たなか　としお）

1953 年　大阪府に生まれる
1979 年　広島大学大学院農学研究科修士課程修了
現　在　麻布大学獣医学部教授
　　　　農学博士

シリーズ〈家畜の科学〉5
ヒツジの科学　　　　　　　　　定価はカバーに表示

2015 年 3 月 20 日　初版第 1 刷
2022 年 12 月 25 日　　　第 3 刷

編集者　田　中　智　夫
発行者　朝　倉　誠　造
発行所　株式会社 朝倉書店

東京都新宿区新小川町 6-29
郵便番号　162-8707
電　話　03(3260)0141
ＦＡＸ　03(3260)0180
https://www.asakura.co.jp

〈検印省略〉

Ⓒ 2015 〈無断複写・転載を禁ず〉　　中央印刷・渡辺製本

ISBN 978-4-254-45505-2　C 3361　　Printed in Japan

JCOPY ＜出版者著作権管理機構 委託出版物＞

本書の無断複写は著作権法上での例外を除き禁じられています．複写される場合は，そのつど事前に，出版者著作権管理機構（電話 03-5244-5088, FAX 03-5244-5089, e-mail: info@jcopy.or.jp）の許諾を得てください．

好評の事典・辞典・ハンドブック

火山の事典（第2版）	下鶴大輔ほか 編	B5判 592頁
津波の事典	首藤伸夫ほか 編	A5判 368頁
気象ハンドブック（第3版）	新田 尚ほか 編	B5判 1032頁
恐竜イラスト百科事典	小畠郁生 監訳	A4判 260頁
古生物学事典（第2版）	日本古生物学会 編	B5判 584頁
地理情報技術ハンドブック	高阪宏行 著	A5判 512頁
地理情報科学事典	地理情報システム学会 編	A5判 548頁
微生物の事典	渡邉 信ほか 編	B5判 752頁
植物の百科事典	石井龍一ほか 編	B5判 560頁
生物の事典	石原勝敏ほか 編	B5判 560頁
環境緑化の事典	日本緑化工学会 編	B5判 496頁
環境化学の事典	指宿堯嗣ほか 編	A5判 468頁
野生動物保護の事典	野生生物保護学会 編	B5判 792頁
昆虫学大事典	三橋 淳 編	B5判 1220頁
植物栄養・肥料の事典	植物栄養・肥料の事典編集委員会 編	A5判 720頁
農芸化学の事典	鈴木昭憲ほか 編	B5判 904頁
木の大百科［解説編］・［写真編］	平井信二 著	B5判 1208頁
果実の事典	杉浦 明ほか 編	A5判 636頁
きのこハンドブック	衣川堅二郎ほか 編	A5判 472頁
森林の百科	鈴木和夫ほか 編	A5判 756頁
水産大百科事典	水産総合研究センター 編	B5判 808頁

価格・概要等は小社ホームページをご覧ください。